AF362660

ASSEMBLÉE

DES

DÉLÉGUÉS DES SOCIÉTÉS & COMICES AGRICOLES

DE FRANCE

COMPTE RENDU DES QUATRE SÉANCES

Tenues les 20 et 21 Novembre 1884

PAR LE CONSEIL DE LA SOCIÉTÉ DES AGRICULTEURS DE FRANCE

PARIS

AU SIÈGE DE LA SOCIÉTÉ DES AGRICULTEURS DE FRANCE

21, AVENUE DE L'OPÉRA, 21

—

1884

ASSEMBLÉE DES DÉLÉGUÉS

DES SOCIÉTÉS ET COMICES DE FRANCE

LETTRE DE CONVOCATION

A MM. LES PRÉSIDENTS DES SOCIÉTÉS ET COMICES AGRICOLES DE FRANCE

Paris, le 4 novembre 1884.

Monsieur le Président,

Tous les ans, vers cette époque, la Société des agriculteurs de France, représentée par son Conseil d'administration, tient une ou plusieurs séances auxquelles elle invite les délégués des associations agricoles pour étudier les besoins et les aspirations de l'agriculture et fixer le programme de notre session annuelle.

La gravité des circonstances donne, cette année, une importance exceptionnelle à cette réunion et le Conseil a décidé qu'il y inviterait toutes les associations, qu'elles soient affiliées ou non à la Société des agriculteurs de France.

On parle d'enquête nouvelle c'est-à-dire de nouveaux et mortels délais. Pour nous, l'enquête est faite, nous savons d'où vient le mal, il s'agit d'y apporter des remèdes, et ces remèdes nous les avons maintes fois indiqués.

Nous avons une nouvelle occasion de parler, nous la saisissons avec empressement. Un groupe agricole de la Chambre des députés a formulé un questionnaire dont nous vous envoyons copie. Il nous semble que nous ne saurions mieux faire que de suivre la voie qui nous est ainsi tracée par des mandataires du pays qui s'informent de nos besoins. Ce questionnaire fera l'objet des délibérations des réunions du Conseil auxquelles nous avons l'honneur de vous inviter. Il sera dressé procès-verbal de ces réunions et ceux de vos vœux qui auront été adoptés seront immédiatement portés à qui de droit par le bureau de la Société et les commissaires nommés par la réunion même des représentants des sociétés et des comices.

Il faut de prompts et énergiques remèdes; il faut une autre direction imprimée à notre politique économique. Arrière toutes les questions d'école ; nous combattons pour la vie et c'est faire injure aux plus illustres économistes du passé que de leur attribuer des doctrines qu'ils seraient les premiers à modifier en présence des faits inattendus qui se manifestent d'un bout du monde à l'autre.

A l'œuvre donc, messieurs et chers coopérateurs, venez pacifiquement mais résolument affirmer quels sont nos droits, ce que vous voulez et ce qu'il nous faut ; vous portez en vous deux forces irrésistibles : le nombre et la raison.

Recevez, monsieur le Président, l'expression de nos sentiments les plus dévoués,

Le Secrétaire général,

P. Teissonnière.

Le Président,

E. de Dampierre.

P. S. — Le réunion du Conseil aura lieu le jeudi 20 novembre, de 9 heures très précises à onze heures 1/2 du matin et de 2 heures à 5 heures, rue de Grenelle, 84. La séance sera reprise, s'il y a lieu, aux mêmes heures le lendemain et les jours suivants.

MM. les présidents des sociétés et comices sont priés de vouloir bien renvoyer, *avant le* 13 *novembre*, au siège de la Société, 21, avenue de l'Opéra, la feuille ci-jointe après y avoir indiqué les noms et adresses des délégués. Dans le cas où la Société obtiendrait des compagnies de chemins de fer une réduction de moitié sur le prix des places, nous enverrions aux délégués désignés par vous, en même temps que leur lettre d'entrée, une feuille de parcours pour leur voyage (1).

Les sociétés et comices qui seraient dans l'impossibilité d'envoyer des délégués sont priés de faire parvenir leur réponse écrite au questionnaire. Ils voudront bien y joindre leurs vœux sur les questions qui intéressent les diverses branches de l'Agriculture. Ces vœux seront groupés par les soins de la Société et feront partie du programme de la session annuelle, au mois de février 1885.

QUESTIONNAIRE PROPOSÉ POUR L'ÉTUDE DE LA QUESTION AGRICOLE PAR LE GROUPE AGRICOLE DE LA CHAMBRE DES DÉPUTÉS

1° Tout dégrèvement étant aujourd'hui, et pour longtemps encore sans doute, reconnu impossible, existe-t-il, pour le gouvernement, d'autre moyen de venir efficacement en aide à l'agriculture, et de lui procurer un soulagement immédiat, que d'augmenter les droits de douane sur les produits similaires aux siens, et qui viennent de l'étranger les concurrencer sur le marché français ?

2° Cette augmentation des droits de douane, si elle est reconnue indispensable, doit-elle porter sur tous les produits du sol sans exception ?

Si non, quelle exception doit-on faire ?

1. Toutes les Compagnies de chemins de fer ont accordé la réduction de moitié sur le prix des places.

3° L'augmentation doit-elle aussi porter sur le bétail ?

Même sur le bétail propre à l'élevage ?

4° Doit-elle être d'une durée illimitée ou simplement temporaire ?

Dans ce dernier cas, quelle durée doit lui être assignée ?

5° Doit-on imposer à son maintien des conditions déterminées, telle, par exemple, qu'une augmentation du prix de vente des produits français, d'après les mercuriales, et lorsque ce prix arriverait à dépasser d'une proportion de... le prix de revient ?

6° Quels sont aujourd'hui, en moyenne, les prix de revient des produits du sol ?

Ne doit-on pas, pour cette appréciation, établir en France diverses régions ?

Cette nécessité ne serait-elle pas de nature à exercer une influence sur la réalisation de la condition indiquée ci-dessus ?

7° Quelles devraient être les proportions de l'augmentation des droits de douane ? Doivent-elles simplement atteindre le chiffre des impôts de toute nature dont sont grevés les produits du sol, ou doivent-elles dépasser cette limite ?

8° Si elles doivent dépasser cette limite, quelle autre limite doivent-elles atteindre ?

Doit-on ajouter au chiffre représentant les impôts, celui représentant la différence du taux de la main-d'œuvre, l'intérêt du capital engagé, etc ?

9° Quelles sont les conséquences à prévoir de cette augmentation, au point de vue de l'alimentation publique, et de sa répercussion sur le prix des salaires ?

10° Peut-on, par des mesures administratives ou législatives, réglementer ou atténuer ces conséquences au moins dans une certaine mesure ?

11° Quelles seraient les conséquences à prévoir du maintien du *statu quo*, au point de vue de la production de l'industrie tout entière, aussi bien que de l'agriculture, et, partant, de la fortune publique ?

12° Quels résultats budgétaires pourrait donner l'augmentation des droits de douane sur les produits du sol ?

13° Est-il possible de donner législativement une indication de l'emploi à faire des perceptions ainsi obtenues ?

14° Si cela est possible, quel serait l'emploi le plus utile à prescrire dans l'intérêt de l'agriculture, de son avenir, de ses progrès ?

Dégrèvements ? Prestations ? Droit de mutation ? Encouragements à obtenir de plus abondants produits ? Crédit agricole ? Enseignement professionnel ? Assistance dans les campagnes, etc., etc. ?

15° Quels sont les moyens pratiques les meilleurs pour mettre, aussi directement que possible, en rapport entre eux, les producteurs et les consommateurs ?

ASSEMBLÉE DES DÉLÉGUÉS DES SOCIÉTÉS ET COMICES.

Première séance le 20 novembre, à 9 heures du matin.

PRÉSIDENCE DE M. LE MARQUIS DE DAMPIERRE, PRÉSIDENT

Etaient présents : MM. H. Bertin, le comte de Bouillé, Fr. Jacquemart, J.-B. Josseau, E. de Monicault, Em. Pluchet, *vice-présidents* ; P. Teissonnière, *secrétaire général* ; le comte de Luçay, *secrétaire général adjoint* ; Ameline de la Briselainne, *secrétaire* ; Ch. Aylies, Houdaille de Railly, P. Josseau, *secrétaires adjoints* ; le vicomte de Calonne, *bibliothécaire-archiviste* ; Gaston Bazille, Boitel, Bordet, Maurice Boucherie, Courcier, J. Darblay, A. Durand-Claye, Th. de Felcourt, Gayot, Gréa, Marc de Haut, de la Massardière, de La Monneraye, A. de La Valette, Muret, Nast, Nouette-Delorme, de Parieu, Ch. Petit, le marquis de Poncins, Pouyer-Quertier, le comte de Retz, le comte de Salis, Teisserenc de Bort, H. de Vilmorin, Vimont.

La réunion annuelle du Conseil, convoqué conformément à la décision du 7 mai 1879, a été ouverte rue de Grenelle, 84, le 20 novembre, à neuf heures du matin.

Par décision spéciale du Conseil (30 octobre 1884), les sociétés et comices de France, affiliés ou non affiliés à la société, avaient été invités à envoyer des délégués. (Voir la circulaire du 4 novembre, en tête de cette publication.)

Les associations agricoles de France, en réponse à cette invitation, avaient délégué les représentants dont les noms suivent :

LISTE DES DÉLÉGUÉS

Aisne. — Comice de Laon : MM. Nice, Lhote.

Comice de Saint-Quentin : MM. Alfred Carlier, Séverin, Robert, E. Demarolle, V. Viéville, Guerbigny-Lablance, Vivien, Payart, Lefranc, Lehoult, Haye, Elliot, Richard, Lemaire.

Comice de Château-Thierry : MM. Auguste Carré, Colmont, Vignon, Ménouflet, Bigorgne.

Comice de Vervins : MM. Penant-Vandelet, Tanneur, Flamant, Wateau.

Comice de Marle : MM. A. Gentilliez, Ernest Delval, Jules Coutant, Charles Gentilliez.

Allier. — Société d'agriculture de l'Allier : MM. de Garidel, Corne, le marquis de Montlaur, La Couture, Moulin.

Société d'horticulture de l'Allier : MM. Jutier, Corne.

Ariège. — Société d'agriculture et d'arts de l'Ariège : M. Vigarosy.

Comice de Pamiers : M. Rigal.

Ardennes. — Comice de Sedan : M. Jeanjean-Lorin.

Calvados. — Association normande : M. de Glanville.

Cantal. — Société d'agriculture d'Aurillac : MM. F. de Parieu, le comte de Miramon, Aujollet.

Cher. — Société d'agriculture du Cher : MM. le marquis de Vogué, Poisson, de Bonnault, Auguste Massé, Gallicher, Auger.

Société d'horticulture et de viticulture : MM. Ancillon, Franc, Torchon, Thirot, Leprince, Chaput, Delafosse.

Comice de Saint-Amand : M. de Bonnault.

Comice de Sancoins, Laguerche et Nérondes : MM. Gustave Revenaz, Auguste Massé, Elie Larzat.

Corrèze. — Comice de Brive : M. le comte de Salvandy.

Comice d'Uzerche : MM. Bayle, Delort.

Côte-d'Or. — Cercle des agriculteurs de la Côte-d'Or : MM. Martin, Tissot.

Comice de Seurre : MM. Jules Delimoges, Lucien Taupenot.

Comice de Saulieu : MM. Guillot fils, Grognot, Roux.

Comice de Châtillon-sur-Seine : M. Maître.

Comice de Recey-sur-Ource : MM. Alfred Boulet, Moilfert, Désiré Guelorget.

Comice d'Arnay-le-Duc : MM. Loydreau, Vollot, Charcasset.

Côtes-du-Nord. — Comice de Ploubalay : M. Kersanté.

Comice de Moncontour : M. le vicomte de Bélizal.

Dordogne. — Société départementale d'agriculture de la Dordogne : MM. le vicomte de Segonzac, Thirion-Montauban, le comte de Fleurieu, Laroche, Reynal.

Comice central de la Double : M. O.-B. de Fourtou.

Comice de Mussidan : M. le docteur Piotay.

Comice de Piégut-Pluviers : MM. E.-G. Gaillard, Adon, Lavaise.

Comice de Brantôme : M. G. Dethan.

Doubs. — Société d'agriculture du Doubs : MM. Henri Werlein, Larmet.

Comice de Busy : M. Amédée Caron.

Drôme. — Comice de Romans : M. Alphonse Giraud.

Eure. — Société libre d'agriculture : MM. Emile Hébert, Louis Passy, Pouyer-Quertier, comte de Salvandy.

Société libre d'agriculture de l'Eure (section de Bernay) : MM. Join-Lambert, de Bonnechose, le marquis de Sayve, le comte du Mesnil du Buisson, Lebourg, Jules Focet, Cauchepin, Hermier.

Société libre d'agriculture de l'Eure (section de Pont-Audemer) : MM. Emile Hébert, Aristide Hébert, Emile Touflet-Dumesnil.

Comice des Andelys : MM. Narcisse Hébert, Doré-Letailleur, Pithon, Lesage, Delesgue, Auguste Hébert.

Comice de Damville : MM. Pouyer-Quertier, Bouquelon, Lefebvre.

Eure-et-Loir. — Comice de Chartres : MM. Roussille, Ninet, E. Milochau, A. Lelong.

Finistère. — Comice de Morlaix : M. Soubigou.

Gard. — Comice du Vigan : MM. le marquis de Ginestous, Angliviel de la Beaumelle.

Gers. — Société départementale d'agriculture et d'horticulture : M. Aylies.

Hérault. — Société centrale d'agriculture : M. Gaston Bazille.

Ille-et-Vilaine. — Société d'agriculture et d'industrie : M. Paul Carron.

Indre. — Société d'agriculture de l'Indre : MM. P. Baucheron de Lécherolle, Paul Blanchemain, Sainte-Claire Deville, Ch. Balsan, Pierre Lejeune, le baron de Villeneuve, Léonce Marchain, Valery Masquelier, de Saint-Martin.

Comice d'Issoudun : M. d'Aussigny.

Isère. — Société d'agriculture de Grenoble : M. A. de La Valette.

Jura. — Comice agricole de l'arrondissement de Poligny : M. Henri Werlein.

Landes. — Comice de Grenade-sur-l'Adour : M. Henri Durrieu.

Loire. — Groupe des membres de la Société des agriculteurs de France de la Loire : MM. Palluat de Besset, le comte de Neufbourg, Jean Gaudet, le marquis de Poncins, Boucherie, Groualle, Charvet.

Société hippique de la Loire : M. Palluat de Besset.

Haute-Loire. — Comice de l'arrondissement d'Yssingeaux : M. R. de la Fayolle de Mars.

Loire-Inférieure. — Comice central de la Loire-Inférieure : MM. le baron de Lareinty, général Espivent de la Villesboisnet, de Lavrignais, sénateurs. — Laisant, de la Biliais, Thoinnet de la Turmelière, comte Ginoux de Fermon, comte de Juigné, Fidèle Simon, de la Rochette, députés.

Comice de Carquefou : M. Boucher d'Argis.

Loiret. — Comice d'Orléans : MM. J. Darblay, Joseph Darblay, Thibault, du Roscoat, Thimothée des Francs, Louis Gouin, Charles Dabout, le marquis de Courcy.

Comice de Montargis : MM. P. Roulx, Thibonneau père, Boniface, Grenet fils.

Société d'horticulture d'Orléans et du Loiret : MM. Max. de la Rocheterie, P. Dauvesse, Delaire, Jules Darblay, de la Boulaye, Gauguin.

Loir-et-Cher. — Comité central agricole de la Sologne : M. E. Rousseau.

Comice de Vendôme : M. A. Riverain.

Lot-et-Garonne. Comice d'Agen : M. Ratoin.

Comice de Villeneuve-sur-Lot : MM. Pons, de Brondeau, Alb. Balet, A. Fabre.

Lozère. — Comice de Marvejols : M. le vicomte Henry de La Barthe.

Maine-et-Loire. — Société d'agriculture d'Angers et de Maine-et-Loire : M. le baron de Combourg.

Comice de Saint-Florent-le-Vieil : M. Gazeau de Vautibault.

Comice de Pouancé : MM. Eugène Dupré, Saget, Pégéi.

Manche. — Société d'agriculture d'Avranches : MM. Henri Raulin, Jules Bouvattier, Garnot, le vicomte d'Avenel, L. de Saint-Pierre.

Société d'agriculture de Cherbourg : M. le comte de Sesmaisons.

Marne. — Comice de Reims : M. Lhotelain, Arnoult-Bastard.

Comice de la Marne : M. Ponsard.

Comice d'Épernay : MM. Mérendet, Vimont, Vasseur.

Comice de Vitry-le-François : MM. Hémard-Leroux, Chastelain, J. de Felcourt, Vincienne, T. de Felcourt.

Haute-Marne. — Comice de Bourbonne-les-Bains : M. Borstat.

Mayenne. — Association des agriculteurs de la Mayenne : MM. P. Le Breton, Le Chatelain, Le Marié, A. Guyard.

Comice de Loiron : M. le marquis de Vaujuas-Langon.

Comice de Mayenne : MM. Victor Desvalettes, A. Coignard, A. Bidault.

Meurthe-et-Moselle. — Comice de Bricy : M. le général comte de Geslin.

Meuse. — Société d'agriculture de Commercy : MM. le comte de Nettancourt-Vaubecourt, Lucien Guillaume, Bazoche.

Morbihan. — Société d'agriculture de Vannes et comice de Sarzeau : M. J. Dumoulin de Paillart.

Comice du canton d'Hennebont : M. Ehanno.

Nièvre. — Société départementale de la Nièvre : MM. le comte de Bouillé, A. Tiersonnier, comte Benoist d'Azy, le comte d'Aulnay, de Champigny.Maringe,Suif, Saglio, Louchon, de Villenault, Tournyer, de Lespinasse.

Nord. — Société des agriculteurs du Nord : M. Renouard.

Comice de Saint-Amand-les-Eaux : MM. Davaine Nicolle, Davaine Jonathan, Alfred Mériaux.

Oise. — Société d'agriculture de Clermont : MM. J. Labitte, Leclerc, Dupressoir, Chevallier, Ulysse Roussel, le comte de Luçay, Lefèvre.

Comice de Compiègne : MM. Bucharon, de Lavaublanche, Maizier,Pilon.

Société d'horticulture de Compiègne : MM. Heudel, Méresse.

Société d'agriculture de Senlis : M. Sagny.

Puy-de-Dôme. — Société d'agriculture du Puy-de-Dôme : M. Robert de Nervo.

Rhône. — Comice de Lyon : M. E. Récamier.

Saône-et-Loire. — Société hippique de Saône-et-Loire : MM. le marquis de Barbentane, le baron du Teil, J. Guichard, C. Desvignes.

Société d'horticulture de Mâcon : M. Paul Martin.

Sarthe. — Comice de Mamers : MM. Caillaux, de Fromont.

Comice de Beaumont-sur-Sarthe : M. le comte d'Angély.

Seine. — Société nationale d'agriculture de France.

Seine-et-Marne. — Société d'agriculture de Melun : MM. le baron de la Rochette, E. Rémond, Garnot, Baulant,Bancel,Blavot,F.Aubergé,Brandin, A Caille, Clebsatell, Rabourdin.

Comice de Melun, Fontainebleau et Provins : MM. Marc de Haut, comte de Ségur, H. Muret, C. Decauville, L. Pierrotet, Redaud, E. Guyon, A. Arnoul, E. Pichotte, Boullenger, Briard, E. Gallot, N. Aubineau, Th. Jacquemard, Leroy, Bouvrain-Macquin, Bonfils, Lenient, Vivien. Thomas, Ouvré, Mollot, A. Brandin.

Société d'agriculture de Meaux : MM. Émile Gatellier, A. Petit, J. Bénard, Delignières, P. Proffit, Labouré, le comte de Moustier, Leroy Droz, Butel, Papillon.

Comice de Coulommiers : MM. J.-B. Josseau, Decante, Jullien, Picat, Fouinat, Opoix, Salmon, Bachelier, Bernard, Pluchet, Couesnon, Camus, Paul Josseau.

Seine-et-Oise. — Comice agricole de Seine-et-Oise : MM.Besnard, le duc d'Ayen, Camille Decauville, Pasquier, Henry Rabourdin, A. Mallet, Gilbert,Émile Pottier, P.Thirouin, J. Sainte-Beuve, Alfred Duval,Delacour, E.Marcou, A. Thirouin, Hédouin, Fournier, N. Bocquet, D. Hautefeuille.

Société d'agriculture et des arts de Seine-et-Oise : MM. Polonceau, Henri Besnard, Victor Pigeon.

Société d'agriculture de l'arrondissement de Pontoise : MM.A. Dudouy, Paul Barbe, G. Rousselle.

Société de Mantes-sur-Seine : MM. Boulland-Breton, Cuqu, E. Pottier.

Société du canton de l'Isle-Adam : M. Thoureau.

Société d'horticulture de Montmorency : MM. V. Cauchin, A.Tuleu,Louvet, le docteur Louveau.

Seine-Inférieure. — Société centrale d'agriculture de la Seine-Inférieure : MM. Avenelle, Chouillou, Lesouëf, Léger, Berthelot.

Comice agricole de l'arrondissement de Rouen : MM. E. Fortier, C. Fouché, E. Brayé.

Société d'agriculture pratique de l'arrondissement du Havre : MM. le baron Piérard, le général Robert, Lacorne, Robert, Fouache,Leseigneur, Vivier.

Somme. — Comice de Montdidier : M. Henri Bertin.

Tarn. — Société d'agriculture du Tarn, comice agricole d'Albi : M. le baron Reille.

Comice de Castres : M. le comte de Lastours.

Comice de Mazamet : M. Rouvière.

Var. — Société d'agriculture, d'horticulture et d'acclimatation du Var : M. le docteur Grégoire.

Vaucluse. — Société départementale d'agriculture et d'horticulture de Vaucluse : M. Joulie.

Comice de Carpentras : M. Jules Ripert.

Vendée. — Comice de La-Roche-sur-Yon : MM. de Ponsay, Rambaud.

Comice des Sables-d'Olonne, Talmont, les Moutiers : MM. le marquis de Surineau, de Bretagne, Duchaine.

Comice de Saint-Fulgent : M. Alex. des Nouhes.

Vienne. — Société d'agriculture, belles-lettres, sciences et arts de Poitiers : M. Louis Lecointre.

Comice de l'arrondissement de Châtellerault : MM. A. de La Massardière, Ern. Lafond, L. Lecointre, le général Arnaudeau, Ch. Carmejeanne, A. Ferré, Jules Morandiere.

Comice de l'arrondissement de Civray : M. Gusman Serph.

Comice de Saint-Georges-les-Baillargeaux : MM. J. Couillault, F. Busseau.

Haute-Vienne. — Comice d'Eymoutiers : MM. Victor Brenac, le vicomte R. de Lhermite.

Comice de Saint-Léonard : MM. E. de Bruchard, Nicard.

Comice de Saint-Junien : M. Jean Codet.

Yonne. — Société d'agriculture de l'arrondissement de Joigny : MM. le docteur Grenet, P. Couturier, Ablon.

Société d'agriculture et d'industrie de Tonnerre : MM. le duc de Clermont-Tonnerre, Georges Lemoine.

Comice du canton de Noyers : MM. Ern. Petit, Langin.

Les sociétés et comices qui n'avaient pas pu envoyer des délégués à la réunion, ont fait parvenir à la société leur réponse écrite au questionnaire du groupe agricole de la Chambre des députés (voir le questionnaire, page 2). Ces réponses sont au nombre de près de cinq cents. Tous les départements ont exprimé leur opinion sur les questions qui font l'objet des débats actuels.

Au début de la séance M. le marquis de Dampierre, président, a invité ses confrères les membres de la Société nationale d'agriculture de France ainsi que que les sénateurs et députés, à prendre place sur l'estrade auprès du Conseil. Il a également invité M. E. Lecouteux, rédacteur en chef du *Journal d'agriculture pratique*, à siéger au bureau.

M. Ameline de la Briselainne, l'un des secrétaires, est chargé des procès-verbaux.

M. le marquis de Dampierre, président, a prononcé le discours suivant :

Messieurs,

Sentinelles vigilantes de l'agriculture, nous avons poussé le cri d'alarme et nous vous avons réunis autour de nous. — Il importait qu'on entendît en ce moment la voix des agriculteurs, et la Société des agriculteurs de France a appelé à elle toutes les associations agricoles du pays, bien sûre de voir ainsi toutes les opinions économiques et tous les intérêts représentés avec l'autorité qui s'attache au mandat que chacun de vous a reçu pour venir siéger ici. Nous ne pouvions mieux répondre, je crois, aux vœux de plusieurs de nos sociétés affiliées, notamment de celles de Meaux, de l'Aisne, ainsi qu'aux instances des membres si dévoués de notre Société qui habitent le département de la Loire. Mon éminent prédécesseur M. Drouyn de Lhuys, exposant le rôle qu'il appartenait à notre société de prendre dans le groupement des institutions agricoles du pays, disait, il y a bientôt vingt ans, au congrès d'Arras : « Les voix parties de tous les points de la France pour se « réunir en un immense écho se feront entendre au loin ; les bras réunis « dans un même effort auront une puissance irrésistible : les lumières « convergeant de toutes parts auront un rayonnement qui frappera tous « les yeux. »

Nous n'avons d'autre passion que celle du bien public, et, en défendant les intérêts de l'agriculture, nous défendons les plus sûrs éléments de la prospérité de notre pays, de sa grandeur, de son influence dans le monde. Notre ambition, c'est de découvrir, à travers les difficultés financières et économiques qui nous enserrent, la meilleure voie à suivre, le meilleur conseil à donner aux pouvoirs publics dont nous cherchons à éclairer la marche. Comment avec ces sentiments ne rencontrerions-nous pas le concours de toutes les bonnes volontés ?

Mais, messieurs, pour arriver au but, il faut être francs ; l'utilité de notre intervention est à ce prix. Nous dirons donc hautement les causes du malaise et de l'inquiétude de l'agriculture : l'exagération de notre budget des dépenses ; l'emploi mal équilibré de nos impôts ; des traités de commerce désastreux ; un mauvais régime douanier ; l'inégalité de traitement de l'agriculture partout et toujours, aussi bien devant l'impôt que devant la douane ; les délais apportés à l'utilisation des eaux qui relèverait de la ruine nos départements méridionaux, des confins de la Méditerranée au golfe de Gascogne ; tout cela, combiné avec un ensemble de circonstances économiques déplorables, des excès de production et de production à vil prix en certaines contrées, du bon marché et de la rapidité des transports, des tarifs de faveur pour les produits étrangers venant faire concurrence aux produits nationaux, des mesures de toute sorte qui favorisent l'émigration des ouvriers de l'agriculture dans les villes, l'absence d'établissements de crédit, l'absence de toute représentation légale de l'agriculture, tout cela, dis-je, constitue une situation ruineuse, c'est-à-dire intolérable pour l'industrie nourricière de la France.

Je ne m'étendrai pas longuement sur des douleurs que personne ne nie plus. M. le ministre actuel de l'agriculture, à peine entré au pouvoir, disait à Amiens, il y a deux ans, qu'il savait bien que, de toutes les industries, c'était l'agriculture qui souffrait du mal le plus aigu, et il ajoutait : « Je suis malheureusement trop bien placé pour m'en rendre compte, quand je suis par exemple sur la carte les ravages de ce petit insecte, qui continue sa marche impitoyable, qui a déjà envahi vingt de nos départements les plus riches et les plus florissants autrefois ; quand je vois, dans ces départements, toutes les fortunes anéanties et les populations des campagnes, saisies de désespoir, émigrer en masse dans toutes les directions, laissant le désert derrière elles ; quand je chiffre ce désastre et que je trouve ainsi dans la fortune de la France une trouée annuelle de près d'un milliard, je comprends alors que la consommation générale du pays soit ralentie et que les magasins de nos industriels regorgent de produits qui cherchent en vain des acheteurs ; je comprends que les prix s'abaissent et que les plus-values de nos impôts s'arrêtent comme par enchantement. Une seule chose m'étonne, c'est que la France ait assez de vitalité, d'énergie et de génie pour résister à ces coups redoublés et supporter sans succomber de pareils assauts. »

La situation des contrées à céréales est surtout en ce moment l'objet de nos préoccupations. Producteurs de sucre et producteurs de blé font entendre d'amères plaintes ; la loi sur les sucres qui leur a été trop tardivement concédée cette année, ne peut les relever que lentement, la ruine a déjà atteint beaucoup d'usines et beaucoup de fermes, et vous savez quelle est l'intensité des souffrances des départements du Nord. Les délibérations des comices agricoles de l'Aisne ; les démarches de son conseil général auprès du gouvernement ; les vœux de la société des agriculteurs du Nord, portés au gouvernement par les hommes les plus autorisés et accentués par l'approbation d'un grand nombre d'autres sociétés, parlent trop haut pour qu'il soit utile d'insister sur ce point. Le mal que l'enquête faite par notre Société en 1880 avait signalé a décuplé. Des chiffres sont là, écrasants dans leur douloureuse éloquence ; en voici quelques-uns pour le seul arrondissement de Saint-Quentin, relatés dans un rapport de M. Ernest Robert, vice-président de son comice :

« 1° Terres dont la culture a été abandonnée dans ces dernières années et qui sont actuellement en friche............................ 727 hect.

« 2° Terres délaissés par les exploitants et que les propriétaires ont dû cultiver par eux-mêmes, ne trouvant plus de fermiers. . ... 4,124 hect.

« 3° Terres abandonnées au cours du bail, par suite de la ruine de l'exploitant... 6,975 hect.

11,836 hect.

Le comice de Saint-Quentin avait, en 1860, chaleureusement accueilli le régime inauguré alors de la prétendue liberté commerciale ; comptant sur une réciprocité qu'on oubliait d'assurer, il avait cru qu'à la faveur de la liberté des échanges le commerce étendrait ses transactions, que le travail national augmenterait, que l'agriculture trouverait les issues qui lui manquaient, il acceptait la libre concurrence avec l'étranger, et, aujourd'hui, après vingt-quatre ans d'expérience, par l'organe du même rapporteur, ce même comice, avouant son erreur, fait entendre le cri de sa détresse.

Une enquête a été faite par le gouvernement dans le département de l'Aisne, le *Bulletin* de la Société des agriculteurs de France en a publié les premiers éléments, et nous sommes surpris de ne pas connaître encore les résultats officiels de cette enquête. « Le pays, comme disait « énergiquement M. le préfet de l'Aisne dans l'audience donnée au con- « seil général par M. le président du Conseil et en présence de M. le mi- « nistre de l'agriculture, le pays peut perdre son sang-froid, et il supplie « le gouvernement dans l'intérêt de la patrie et de la République de « prendre l'initiative de mesures promptes et efficaces pour parer à cet « état de choses. » C'est ainsi que s'exprime le procès-verbal de cette audience que vous avez tous lu, messieurs, avec émotion.

D'aussi unanimes manifestations étaient un avertissement pour le gouvernement, et il répond aujourd'hui au vœu des agriculteurs en acceptant une majoration modérée de quelques tarifs douaniers. Nous le louons de cette concession, mais que l'on ne dise pas qu'en demandant des droits fiscaux compensateurs pour nos produits nous nous rangeons sous le drapeau de la protection contre les doctrines du libre-échange : ce n'est pas le libre-échange qui est en cause, mais un régime bâtard auquel on donne bien à tort ce nom. Pratiqué isolément par un pays, le libre-échange n'est plus le libre-échange, et un député de l'Isère, M. Couturier, disait bien justement, il y a peu de jours : « Le désarmement douanier, comme le désarmement militaire, ne peut se faire que par un consentement simultané des États. » Le régime que nous pratiquons est une grande duperie ; il se fonde sur une prétendue opposition entre les intérêts des consommateurs et ceux du producteur, comme si tous les producteurs n'étaient pas des consommateurs eux-mêmes, comme si la ruine des uns n'entraînait pas la ruine des autres, et une juste pondération des prix ne devait pas être le salut de tous.

Le bon sens proteste contre les conséquences désastreuses qu'entraîne un tel état de choses, et voilà ce nom de libre-échange décrié et compromis désormais par la faute de ses partisans, qui en ont laissé altérer la signification. Léonce de Lavergne disait déjà de ces frères imprudents en 1855 : « C'est le langage des libre-échangistes eux-mêmes qui a été la principale cause de l'erreur », et il ajoutait : « La liberté commerciale n'est pas une de ces divinités farouches qui exigent des victimes humaines ; c'est une déesse toujours bienfaisante et toujours juste. Favorable en Angleterre aux consommateurs parce que ce sont eux qui souffrent elle viendrait en France au secours des producteurs par le même motif. »

Messieurs, il ne faudrait pas croire que les pères de la doctrine de la liberté des échanges, ceux qui portent les noms illustres de Smith, Jean-Baptiste Say, Frédéric Bastiat, Léonce de Lavergne, aient jamais refusé aux produits nationaux, dans leur lutte avec les produits étrangers, la compensation des charges que ceux-ci n'ont pas à supporter. Jean-Baptiste Say conseillait aux gouvernements de dire aux étrangers : « Vous apporterez chez nous toutes les marchandises que vous voudrez en acquittant des droits proportionnés à toutes nos autres contributions publiques. Les produits du commerce étranger doivent payer leur part, aussi bien que ceux des autres industries. » Ailleurs, J.-B. Say (Traité d'écon. polit., liv. 1., ch. 17) rappelle que Smith admet des circonstances où l'on peut avoir recours au droit d'entrée :

« Une circonstance est celle où un produit intérieur, d'une consommation analogue, est déjà chargé de quelque droit. On sent qu'alors un produit extérieur par lequel il pourrait être remplacé, et qui ne serait chargé d'aucun droit, aurait sur le premier un véritable privilège. Faire payer un droit dans ce cas, ce n'est point détruire les rapports naturels qui existent entre les diverses branches de production : c'est les rétablir.

« En effet, on ne voit pas pour quel motif la production de valeur qui s'opère par le commerce extérieur, devrait être déchargée du fait des impôts que supporte la production qui s'opère par le moyen de l'agriculture ou des manufactures. C'est un malheur que d'avoir un impôt à payer ; ce malheur, il convient de le diminuer tant qu'on peut. »

En 1847, mon éminent compatriote, Frédéric Bastiat, dans ses *Sophismes économiques*, faisait dire à l'*utopiste* (c'était lui) que, s'il était ministre, il ferait une loi de douane en deux articles : « Art. 1er. Toute marchandise importée payera une taxe de 5 p. 100 de la valeur. Art. 2e. Toute marchandise exportée payera une taxe de 5 p. 100 de la valeur. » — Dieu me garde d'entrer dans l'explication de la doctrine de mon illustre collègue de députation de 1848 sur cette simplification originale de notre régime douanier ; mais il en ressortait évidemment que, dans sa pensée, le produit étranger devait contribuer à nos charges publiques, parce qu'il profitait de nos ports, de nos routes, de notre sécurité, de tout ce qui est la raison de nos impôts, en un mot.

Pour Léonce de Lavergne, rien de plus clair, rien de plus net que son opinion sur cette question. En ce qui concerne le bétail, il disait : « Tout ce qui nuit à la prospérité du bétail est un malheur public ; tout ce qui la favorise est un bien. Si la libre introduction du bétail étranger devait avoir pour effet de diminuer la quantité ou la qualité du nôtre, je serais le premier à la combattre. Quelle que soit ma conviction sur les avantages de la liberté, je ne sais pas résister aux faits et je reconnais qu'il n'y a pas au monde de principe absolu. » — Plus loin, il ajoute : « Dans un temps (1855) où pour subvenir aux intérêts des emprunts nouvellement tcontractés il fau trouver de nouvelles sources de recettes, on doit chercher à faire rendre aux douanes, comme aux autres branches du revenu public, tout ce qu'elles peuvent rendre. Il convient alors de choisir le tarif qui donnera le plus de recettes, en dehors de toute préoccupation protectionniste. »

A l'occasion des droits d'entrée sur les blés étrangers, et demandant un chiffre plus élevé que celui qu'on proposait, Léonce de Lavergne écrivait en 1861 : « Depuis la lettre impériale du 5 janvier 1860, le gouvernement fait une guerre à mort aux droits de douane; *cent millions* de recettes annuelles ont ainsi disparu du budget. Ce serait un bien si *cent millions* de dépenses avaient disparu en même temps ; mais comme les dépenses ne font que s'accroître, au lieu de diminuer, ces *cent millions* et bien d'autres encore, n'ont fait que changer de forme. Ce que payent en moins les produits étrangers, les produits français doivent le payer en sus. Nous ne comprenons pas, quoique partisan déclaré de la liberté commerciale, cette faveur accordée aux produits étrangers aux dépens des nôtres. Qu'on efface jusqu'aux dernières traces du système protecteur, rien de mieux; mais il est bon de maintenir les perceptions fiscales qui ont pour but de répartir le fardeau de l'impôt. Décharger les douanes pour charger à l'intérieur les contributions, c'est sortir de la justice et de l'égalité, c'est faire de la protection à rebours. » Et ailleurs il dit : « Il nous paraît contraire aux principes d'une bonne administration fiscale de laisser introduire en France une denrée quelconque sans payer de droits. »

Depuis le temps où ces choses se disaient un bouleversement profond est survenu dans les relations commerciales de la France par la promptitude et le bas prix des transports : ce ne sont plus seulement les blés d'Égypte ou de Crimée qui viennent sur nos marchés, mais ceux de l'Amérique et de l'Inde, produits dans des conditions exceptionnelles de bon marché ; ce ne sont plus seulement les bestiaux de nos voisins d'Europe qui nous arrivent, la viande nous vient de toutes les parties du monde, et les 5 0/0 *ad valorem*, considérés comme des droits compensateurs suffisants il y a vingt-cinq ans, ne le sont plus aujourd'hui. Je crois donc pouvoir conclure des citations abrégées que je viens de vous faire que les illustres économistes qui avaient conçu la pensée d'une liberté des échanges, fondée sur la réciprocité et sur l'égalité de situation de toutes les industries, c'est-à-dire sur la justice, n'hésiteraient pas à se ranger de notre avis, en présence des faits inattendus qui se manifestent.

Oh, assurément, on a eu raison de dire que ce n'est pas une augmentation des droits d'entrée sur les bestiaux et sur les blés qui peut avoir une influence décisive sur le relèvement de notre agriculture. Ce serait un acte de justice devenu nécessaire, une atténuation de quelques souffrances ; mais c'est sur un ensemble de mesures d'une bien autre portée et que la Société des agriculteurs de France ne cesse de réclamer

depuis qu'elle existe, que doit se porter l'attention des pouvoirs publics.
La revision des tarifs douaniers mérite votre intérêt certainement, mais
ce n'est là qu'un des côtés de la question. Je disais, à l'ouverture d'une
de nos sessions : « Une pensée doit dominer toutes nos revendications,
« celle de la justice qu'il y aurait à placer une bonne fois l'agriculture
« sur le même pied que toutes les autres industries, devant les règle-
« ments administratifs, devant l'impôt, dans les tarifs douaniers, dans
« les traités de commerce. Qu'on nous évite ainsi la douleur d'avoir à
« demander sans cesse de faibles palliatifs aux crises qui sont la consé-
« quence de cette inégalité, et on fera de la grande et bonne adminis-
« tration. » Tel a été toujours le point de départ de toutes nos demandes
et je dirais, si l'expression ne jurait pas trop avec le but pacifique que
nous poursuivons, que l'*égalité* est devenue le cri de guerre de la
Société des agriculteurs de France.

Qu'on nous exauce et nous demanderons à la culture avec plus
d'autorité, d'apporter à ses méthodes tous les perfectionnements qui lui
permettraient la concurrence avec les produits étrangers, de consentir
à des dépenses utiles assurément, mais qui sont aujourd'hui au-dessus
de ses forces. Nous nous efforçons déjà de mettre sous ses yeux
les exemples qui montrent la possibilité de diminuer les prix de revient
par l'augmentation des rendements, nous lui montrons toutes les
ressources que la science lui offre ; si elle était relevée de ses décourage-
ments, vous la verriez bientôt, vaillante et laborieuse, se mettre à la hau-
teur de tout ce qu'on exigerait d'elle.

Messieurs, nous devons une grande reconnaissance aux hommes de
talent et de dévouement qui défendent les droits de l'agriculture au
Sénat et à la Chambre des députés. Leurs sages discours étaient de nature
à porter la conviction dans tous les esprits, ils ont fait au dehors la
plus vive impression ; on sait quel a été le rétentissement de celui de
M. de Saint-Vallier au Sénat, et les regrettables entraînements de la
politique ont pu seuls détourner la représentation nationale de porter à
de tels avertissements l'attention qu'ils méritaient. — Je dois bien le dire
aussi, ceux qui aiment l'agriculture et qui connaissent ses affaires, sont
trop peu nombreux dans nos assemblées parlementaires, et vraiment,
messieurs, c'est bien votre faute, s'il en est ainsi : il s'agit de vos intérêts les plus directs et les plus sensibles, du choix de vos défenseurs,
vous formez les deux tiers de la nation, et vous laissez à d'autres, qui
n'ont ni vos aspirations ni vos besoins, le soin de désigner les candidats
qui recueillent vos suffrages. Si vous vous abandonnez vous-mêmes,
comment voulez-vous qu'on vous secoure !

Il y a ici, messieurs, de nombreux représentants de la presse de tous les
partis. Je saisis cette occasion pour remercier la presse française du généreux concours qu'elle prête à l'agriculture en faisant connaître partout
ses revendications.

2

Je vous laisse la parole, messieurs ; puissent de calmes délibérations éclairer les problèmes que vous êtes ici appelés à débattre. Souvenez-vous que les vivacités de langage n'ont jamais servi qu'à compromettre les meilleures causes et que le bon droit n'a pas besoin de ces moyens de défense. (*Applaudissements répétés.*)

M. P. Teissonnière, secrétaire général, a la parole pour l'exposé de la situation :

Messieurs,

Les intérêts de l'agriculture, à la défense desquels vous vous dévouez sans cesse, vous ont fait, sans hésiter, lui sacrifier les moments de répit que vous laissent tous les ans, à cette époque, les soins incessants des travaux agricoles. Jamais, en effet, situation plus grave n'avait éveillé votre sollicitude.

Depuis notre dernière réunion, la situation de notre grande et principale source de richese, l'agriculture, s'est aggravée au point de menacer d'une catastrophe à court terme tous ceux qui lui ont confié leurs ressources, ou qui, refusant de sacrifier aux goûts du jour, ont conservé et fait fructifier l'héritage que leur ont laissé leurs parents ; cette vie pleine de labeurs incessants, dont la rémunération était faible, mais certaine, est devenue pleine d'angoisse et d'incertitude.

Il n'y a plus seulement à lutter contre les intempéries, à se soustraire par des mesures prévoyantes aux fléaux qui, de temps en temps, nous sont envoyés par la Providence ; mais bien à se défendre contre des faits et des courants nouveaux qui nous mettent à la merci de productions dont l'abondance et le prix de revient nous rendent toute lutte impossible, à cause des différences de conditions dans lesquelles se produisent les récoltes, des moyens de transport mis à la disposition des nouveaux producteurs et de la nécessité absolue d'un écoulement à n'importe quelles conditions. C'est ainsi que nous avons vu nos marchés envahis d'abord par les importations de céréales de provenance américaine, et plus tard les Indes y ont ajouté leur contingent, qui a amené une baisse telle de ces produits, qui formaient la base de notre production agricole, que si cet état devait se prolonger, la culture des céréales serait impossible en France. Enoncer un pareil fait, c'est énoncer du même coup la nécessité de rechercher les causes de si grandes différences dans les prix de revient et de trouver les remèdes qui pourront permettre à notre pays de trouver dans la culture du sol la rémunération légitime que tout homme a le droit d'attendre de son travail manuel d'abord, et de la production de son épargne. Nous avons commencé par parler des céréales parce que comme nous l'indiquions plus haut, leur culture est le fondement de l'agriculture, la pierre angulaire de toute exploitation agricole. Nous ajouterons que la production du pain, qui nourrit les habiants d'un pays par le pays même, est une condition d indépendance et de sécurité qu'on doit mettre en première ligne. Nous ne devons être qu'exceptionnellement tributaires de l'étranger, pour notre pain et notre viande : pour le premier, les apports de l'étranger ont fait tomber le prix du blé à un niveau tel, que les producteurs les plus favorisés perdent de 4 à 5 fr. par quintal métrique sur leur production ; ce sont les renseignements donnés à la Société par les comices. Notre grande colonie africaine pour laquelle la France a sacrifié, sans compter, le sang de ses enfants et son argent, elle qui était le grenier des Romains, dans un document qui sera mis sous vos yeux, constate que le blé s'est vendu dans l'intérieur des terres, 8 francs l'hectolitre, et l'orge 3 fr.60.

Ces chiffres **sont** trop éloquents pour qu'aucun commentaire y soit ajouté.

L'honorable comte de Saint-Vallier a jeté le premier, en plein Parlement, le cri d'alarme, au nom du département de l'Aisne, dont il est l'élu. Une enquête solennelle a eu lieu : les commissaires désignés par les pouvoirs publics ont pu constater, sur les lieux, que les faits exprimés par l'honorable sénateur étaient au-dessous de la vérité, et si la publication officielle de ses constats n'a pas encore été faite, vous avez pu, au moins, lire dans notre Bulletin la publication des procès-verbaux et des documents produits à la réunion de Laon. Ce cri de détresse n'a pas été isolé, et ceux d'entre vous, messieurs, qui ont assisté au congrès d'Epernay, ont pu voir naître la ligue des Agriculteurs de l'Est, à laquelle ont adhéré les départements de cette contrée si laborieuse et si dévouée au pays. Les contrées du Centre et de l'Ouest ont aussi apporté leur note de plaintes et de réclamations à ce concert, qui est devenu unanime. Tout dernièrement encore, aux portes de Paris, le comice de Meaux a fait appel aux comices de la région pour confondre leurs doléances et réunir leurs réclamations.

Pendant ce temps, le Parlement décidait qu'une grande enquête aurait lieu. Cette décision n'était pas prise à cause de la crise agricole, mais à cause de la crise industrielle ouvrière dont l'acuité ne pouvait pas être niée et dont on voulait étudier l'origine et les causes ; on y joignit l'enquête agricole. Vous connaissez tous la déposition faite à cette enquête, formulée en termes si précis et si vrais par notre infatigable et éminent collègue, M. de Haut. Vos vœux, renouvelés tous les ans avec une persévérance digne d'un meilleur sort, n'ont pas été exaucés en ce qui touche les demandes de dégrèvement ou de dépenses profitables à l'agriculture, telles que la création de canaux d'irrigation, amélioration de chemins vicinaux, meilleure répartition des prestations. Vous avez eu raison sur un seul point, vous avez obtenu une surtaxe à l'entrée du sucre étranger, et cela grâce à l'énergie des représentants de cette importante branche de notre production de betteraves, ayant à leur tête notre vice-président M. Jacquemart. Vous reconnaîtrez, messieurs, que le déficit croissant de nos finances rend illusoire toute espérance de ce côté.

On conseille à l'agriculture de sortir des voies anciennes, de perfectionner son outillage, d'employer la vapeur à la place des bras qui lui font défaut, d'avoir recours à la culture intensive, pour augmenter sa production. C'est un peu comme si on conseillait à un malade atteint de consomption une nourriture très fortifiante ; il ne tarderait pas à en être victime. Pour suivre le conseil donné, il faudrait des ressources qui n'existent plus : le tableau des terres abandonnées en fait foi. Il est vrai qu'on parle de crédit agricole à organiser ; mais comment croire à l'efficacité d'un pareil moyen à ce moment si critique. Il est un proverbe qui dit qu'on ne prête qu'aux riches, et l'agriculture ne l'est plus : ses produits la constituent en perte ; où trouverait-elle la rémunération des capitaux qui lui seraient confiés, en admettant qu'on lui en confiât ?

Le régime économique auquel est soumis le pays livre l'agriculture sans défense à la concurrence étrangère. Notre Société a depuis longtemps prévu les résultats qu'un pareil système devait fatalement amener, lorsqu'en 1876, époque de renouvellement de quelques traités expirés, elle jetait les bases de ceux qui devaient les remplacer et demandait que, comme principe, l'agriculture fût traitée sur le même pied que l'industrie ; que la réprocité fût la base des traités à intervenir ; que les lois antérieures qui créaient des inégalités entre nos produits et les produits étrangers fussent revisées ; que les conditions de perception de droits à l'étranger fussent l'objet d'examens attentifs pour qu'il n'en résultât pas un drawback en faveur desdits produits.

Si ces sages conseils eussent été écoutés, la crise qui nous ruine aurait été en partie évitée ; le sucre étranger ne nous eût pas fait, à l'abri des tarifs et du mode de perception du droit étranger, une concurrence qui a ruiné un grand nombre de nos sucreries ; nous ne verrions pas la vente de ce que le phylloxéra a laissé à notre production vinicole paralysée par la concurrence étrangère. Quand le traité avec l'Espagne et l'Italie a été conclu, le ministre des finances s'était engagé à présenter une loi abaissant le droit à percevoir sur l'alcool à mettre dans le vin à 25 francs l'hectolitre, comme compensation à la concurrence étrangère. Il faut rendre justice à l'honorable M. Say, cette loi a été présentée, repoussée une première fois par le Parlement. Son successeur vient de la représenter, elle a été de nouveau repoussée ; le Parlement aime mieux que les vins soient élevés à 15 degrés au delà des frontières avec du 3/6 allemand que les vins français avec du 3/6 de production française, qui est tombé à 42 francs. Si vous ajoutez à cette situation l'exigence du directeur du laboratoire municipal qui a prescrit un minimum d'alcool et d'extrait sec que n'ont pas nos petits vins français en nature, vous aurez une idée de l'aggravation imposée à notre produit national alors que le produit étranger est protégé au delà de toute expression.

Il est inutile de prolonger devant vous, messieurs, l'étude d'une situation qui vous est connue. Nous passons sous silence les revendications justes des autres produits de l'agriculture : leur situation est tout aussi triste.

Nous allons examiner quels sont les remèdes qui pourraient être proposés pour enrayer les progrès du mal.

La situation budgétaire est tellement engagée, que nous ne pouvons que demander aux pouvoirs publics de ne point accroître les charges de l'agriculture.

Nous avons pu dégager de cette étude, qui est en quelque sorte le résumé de la situation agricole, que le système économique était, en grande partie, cause des souffrances dont nous nous plaignons et que nous supporterions avec plus de résignation si elles avaient pour effet d'alléger les charges des consommateurs en les faisant profiter de l'abaissement des prix de nos productions. Les faits, ici, se chargent avec une autorité indiscutable de donner un démenti complet aux théories des économistes qui veulent qu'il y ait entre l'offre et la demande une corrélation parfaite, et aussi avec la pensée qui a présidé à la suppression des taxes du pain et de la viande, espérant que la liberté serait le frein le plus efficace à toute élévation de prix, la libre concurrence devant avoir pour effet de niveler le prix de la denrée avec le prix de vente. Depuis quatre ans le prix aux mercuriales des marchés a donné constamment un avantage de 5 à 9 centimes en faveur des boulangers, et le prix de la viande demeure immuable pour le consommateur, quel que soit le prix du bétail. La différence demeure donc aux mains de l'intermédiaire.

L'agriculteur lui-même, devenu consommateur, subit les effets désastreux de cet état de choses : il perd sur le grain qu'il vend, et fait gagner le boulanger qui transforme son blé en pain. Si nous considérons que, sur une population de 37.000.000 d'habitants, plus de 24.000.000 s'occupent d'agriculture, il y a lieu de supputer à un très gros chiffre les sommes résultant de cette consommation.

Ces faits étant constants, qui pourrait soutenir qu'un droit de douane, dont la quotité reste à fixer, pourrait avoir une influence sur le prix du pain, qui n'a pas été altéré par une baisse de plus de 30 0/0 sur le prix du blé ? Et comment croire qu'un pareil droit serait impopulaire, alors qu'il serait prélevé sur les productions étrangères ? Le pain est certainement un aliment de première nécessité. Jusqu'à présent, par un préjugé respectable, il a été exempt de toute taxe, et cependant quand fonctionnait la Caisse de compensation on a pu prélever jusqu'à 11 centimes par kilo de pain pour rembourser à la compensation passive les avances des mauvais jours.

Les circonstances, d'ailleurs, n'ont jamais été celles où nous sommes, on n'avait jamais vu du blé étranger vendu de 13 à 15 francs l'hectolitre sur nos marchés. L'Amérique nous a donné l'exemple de ce qu'un peuple peut tirer de ses douanes : son énorme dette de la guerre de sécession a été payée par ce moyen et son budget puise les trois quarts de ses ressources dans le droit de douane. Une taxe sur le blé sera sans influence sur le prix du pain vendu au consommateur.

Nous n'avons pas le choix, les céréales et les bestiaux sont les seuls produits agricoles qui ne soient pas engagés par nos traités.

Les observations qui précèdent s'appliquant aussi à la viande vivante ou dépécée, il y a lieu de réclamer sur elles un droit à l'entrée.

Plusieurs propositions de tarifs sont faites par les comices, la discussion pourra s'ouvrir sur ces propositions.

Le Trésor trouvera dans ces perceptions une ressource importante qui lui permettra d'éviter tout nouvel impôt, et l'agriculture, affranchie de préoccupations accablantes, pourra se livrer au développement progressif de son outillage, y consacrer les ressources que n'absorbent pas la perte de ses exploitations, et le crédit lui viendra au fur et à mesure de l'amélioration de sa situation. Les faits nous auront prouvé que le libre-échange et la protection sont des mots dont on a abusé, qu'il faut rayer du dictionnaire pour les remplacer par la réciprocité des échanges et l'équité des conventions, sans faire intervenir des principes qui n'ont que faire où l'intérêt est en jeu.

Le temps des longues discussions est passé. Nous luttons pour la vie ; il faut agir et agir vite, le budget est en discussion. (*Vifs applaudissements.*)

M. le Président communique ensuite à l'Assemblée la lettre par laquelle M. le ministre de l'Agriculture s'excuse de ne point pouvoir assister à la séance. M. le ministre exprime d'ailleurs le désir de recevoir sans retard le vote de l'assemblée, afin d'en faire l'objet d'une étude attentive.

M. E. Tisserand, directeur de l'agriculture, président honoraire de la section d'enseignement de la Société, écrit à M. le président qu'il espère pouvoir répondre à l'invitation qu'il a reçue d'assister à la réunion.

M. de Gasparin, membre de la Société nationale d'agriculture, exprime ses regrets de ne pouvoir se rendre à Paris en ce moment ; il se déclare partisan du relèvement du tarif d'entrée des blés étrangers ; mais, suivant lui, la taxe ne devrait pas dépasser 2 fr. 50 par quintal.

M. F. Raoul Duval, président honoraire de la section de génie rural de la Société, retenu loin de Paris, exprime également ses regrets de ne pouvoir prendre part à la discussion. Il déclare que, s'il montait à la tribune, ce serait pour protester énergiquement contre tout relèvement des tarifs.

M. le Président dit que le questionnaire du groupe agricole de la Chambre des députés peut se résumer en quatre questions que le Conseil propose à l'assemblée de prendre comme points de départ des discussions :

Ordre du jour :

Droit d'entrée sur les céréales ;

Droit d'entrée sur le bétail ;

Droit d'entrée sur les divers produits agricoles ;

Emploi des recettes provenant des nouveaux tarifs douaniers qui seraient votés par le Parlement.

Cet ordre du jour étant adopté, M. le Président donne la parole à M. Nice sur la question des céréales.

M. Nice, délégué du comice de Laon, conseiller général de l'Aisne, a le premier la parole :

L'orateur expose l'état de l'agriculture dans l'Aisne, il tient à constater que les petits et moyens cultivateurs sont plus malheureux que les grands. La petite culture se plaint plus vivement que la grande. Si on n'entend pas ses cris, c'est parce qu'elle n'a pas de porte-voix et si nous autres, dit M. Nice, nous n'avions pas réclamé, ses souffrances auraient pu passer inaperçues. J'ai le devoir de dire tout cela pour bien démontrer que ce n'est pas l'aristocratie agricole, comme on nous l'objecte quelquefois, qui souffre et qui souffre le plus et je saisis cette occasion pour rappeler bien haut que c'est déplacer la question que de parler d'aristocratie, parce que personne de nous, ni dans l'Aisne ni ailleurs, ne veut de privilèges.

Cela dit, l'orateur aborde la question même, en ce qui concerne le département de l'Aisne.

Dès 1880, l'Aisne était en pleine crise agricole. Le Conseil général, dès 1880, le constatait et le proclamait à l'unanimité.

En 1881, le Conseil général formulait ces mêmes plaintes avec plus de netteté.

En 1883, sous l'acuité des souffrances, l'unanimité des comices agricoles se plaignit amèrement. On s'adressa naturellement aux sénateurs et députés, représentants du département.

Le comte de Saint-Vallier recueillit tous les renseignements sur place et les produisit au Sénat en février 1884. Ses affirmations à la tribune ont été taxées d'exagération. Eh bien ! dit l'orateur, je suis ici devant les six présidents des comices du département et je suis certain qu'aucun d'eux ne contredira ou n'atténuera les affirmations de M. de Saint-Vallier. On objecte ironiquement que les cultivateurs de l'Aisne ne se plaignaient pas aussi haut. Si c'est vrai, c'est qu'en disant toute la vérité, ils craignaient de porter une atteinte mortelle à leur crédit et qu'ils n'osaient pas, à cause de cela, dire publiquement que depuis trois ans ils n'avaient pas payé leurs propriétaires !

A la Saint-Martin 1884, on vit ce fait se produire et il fallait bien que la situation agricole fût terrible pour qu'il se produisît. Sans mot d'ordre, sans incitation, sans réunion et sans entente d'aucune sorte, les ouvriers et particulièrement les charretiers de nos fermes, sous la pression d'une nécessité incroyable, ont vu presque partout et simultanément leurs gages diminuer. Les vieux serviteurs, parce qu'ils étaient vieux et qu'on les affectionnait, ont été réduits de 5 et 10 0/0 seulement. Les nouveaux, les jeunes, ont été réduits de 20 p. 0/0. Les uns et les autres ont accepté, avec résignation, parce qu'ils savaient que le propriétaire ou le fermier était forcé de faire cette diminution.

Nous voici aujourd'hui, continue l'orateur, à la veille de l'hiver et en vue de cet hiver tout le monde du petit au grand se dit : Pour cet hiver je vais être obligé de me passer de tel ou tel ouvrage ; je ne vais pas commander tel ou tel travail qui n'est pas absolument obligatoire. Il en résulte fatalement que le salaire baisse et baisse toujours. Cette triste conséquence est le dernier mot des crises agricoles.

Dans nos campagnes nous n'avons pas d'hospices à nos portes pour nous aider, quand les ouvriers sont dans le besoin. Nous n'avons pas l'habitude, cependant, de les laisser mourir de faim. Nous ne leur disions pas en les jetant à la porte : Allez-vous-en, cherchez votre pain ailleurs. Nous leur donnions à faire ces mille travaux accessoires dans une exploitation agricole qui ne sont peut-être pas absolument inutiles mais qui ne sont guère utiles et qu'on ne fait qu'à moments perdus.

Eh bien, ces travaux accessoires, je déclare que, sans nous imposer une gêne terrible, nous ne pouvons plus les faire aujourd'hui !

L'orateur revient au rôle que le Conseil général a joué devant ces formidables souffrances.

A la session d'avril 1884, M. Nice a formulé des vœux appelés à soulager d'une manière égale l'agriculture et l'industrie. Ces vœux ont réuni l'unanimité du Conseil.

Ils sont ainsi conçus :

Le conseil général de l'Aisne a demandé, en adoptant les propositions de M. Nice :

1° Que le tarif général des douanes soit revisé ;

2° Que toutes les matières non comprises dans les traités de commerce soient frappées de droits d'entrée assez élevés pour que l'agriculture française puisse se relever de ses désastres ;

3° Qu'avant l'expiration des traités consentis, les mêmes mesures soient prises en faveur des matières industrielles exigeant la protection, soit pour elles-mêmes, soit pour le travail qu'elles subissent ;

4° Que les traités qui peuvent être dénoncés le soient dans les délais de rigueur ;

5° Qu'aucun traité nouveau ne soit consenti avant la revision du tarif général.

Un peu plus tard, en août 1884, sous l'aiguillon de la douleur, les comices ont eux-mêmes proposé des tarifications compensatrices que 'orateur a soumises au conseil général de l'Aisne.

Ces tarifications étaient celles-ci :

Blé	5 fr. le quintal.
Autres céréales	3 —
Farines	9 —
Mouton	7 fr. par tête.
Bœuf	60 —
Vache	40 —
Porc	15 —
Porc de lait	3 —
Viandes fraîches	20 fr. les 100 k^{os}.
Viandes salées	15 —

Le conseil général de l'Aisne a adopté ces chiffres également à l'unanimité.

L'orateur ajoute qu'en face de la situation actuelle, qui s'est encore empirée sur l'état de choses antérieur, le Conseil général ne voterait plus les chiffres précédents. Il en voterait à l'unanimité de plus élevés.

Beaucoup de bons esprits, à cause de cette aggravation continue de la crise, penseraient maintenant à en revenir au système de l'échelle mobile. On songe d'autant mieux au retour à cet ancien état de choses, au moins en principe, qu'on pense bien que l'avènement d'une plus grande prospérité agricole amènerait une baisse correspondante dans les tarifications élevées qui sont aujourd'hui nécessaires. Toutefois, dit l'orateur, ce n'est là qu'une pure impression personnelle. Le conseil général ne s'est pas réuni depuis août 1884 et n'a pu, dès lors, s'exprimer sur ce point. Mais, mes collègues du Conseil genéral, dit M. Nice, me paraissent disposés à incliner de ce côté. Ils seraient d'ailleurs portés, me semble-t-il, à accepter comme prix de revient du blé suffisamment rémunérateur, le chiffre de 27 francs au quintal métrique et à formuler ce chiffre comme base de l'assiette de l'échelle mobile.

Voilà, messieurs, dit M. Nice en terminant, sans exagération, la vérité agricole sur le département de l'Aisne.

Ce discours est accueilli par des applaudissements unanimes.

M. Marc de Haut, membre du Conseil de la Société des agriculteurs de France, président du comice de Melun, Fontainebleau et Provins :

La proposition que je vais faire est justement le retour au droit variable sur le blé étranger plutôt que l'établissement d'un droit fixe.

L'agriculture, bien plus que l'industrie, est soumise à des variations exceptionnelles qui, résultant des circonstances atmosphériques, échappent à l'action des hommes.

Toute industrie proprement dite doit et peut proportionner sa production à ses débouchés.

Nous autres, agriculteurs, nous ne le pouvons pas !

Nous autres, agriculteurs, nous nous exposons chaque année à produire trop sans même savoir si nous récolterons assez.

Notre principal produit, le blé, est donc d'abord et avant tout un produit aléatoire.

Ce même produit a un second caractère essentiel; il n'est pas seulement aléatoire, il est de plus nécessaire pour l'alimentation des hommes.

A ces deux points de vue, l'agriculture est donc une industrie spéciale. Du moment qu'elle est une industrie spéciale, il est naturel que sa législation soit une législation spéciale.

Les autres industries ont un prix de revient relativement fixe, elles ont des débouchés connus ; elles peuvent donc se permettre une législation fixe.

Pour l'agriculture, quand ses produits seront abondants, tout le monde en profitera. Mais si ses prix de revient sont compromis et la constituent en perte comme aujourd'hui, il est indispensable de lui apporter le remède d'une sage protection.

L'orateur rappelle que l'échelle mobile a existé depuis 1819 jusqu'en 1856 et même jusqu'en 1859. Elle a merveilleusement concilié les intérêts du producteur et ceux du consommateur.

Quelles objections peut-on faire et a-t-on faites à l'échelle mobile ?

1° En 1819, à cause de la difficulté même des transports depuis le point de production du blé étranger (l'Égypte, la Russie méridionale) jusqu'au point d'arrivée, on fut obligé, pour la perception du droit, de créer des zones compliquées. On disait à Charles Dupin, l'un des rapporteurs de la loi, qu'il fallait être un mathématicien pour s'y reconnaître. Les cours du blé variaient en effet beaucoup en France, à cette époque, suivant qu'on était, par exemple, dans la zone du midi, du centre ou de l'ouest. Il est clair qu'aujourd'hui cette objection ne porte plus. Par le mécanisme des transports devenus sûrs et faciles, d'une part, un nivellement de prix presque égalitaire s'est produit dans toute la France, et d'autre part, un cours moyen normal du prix du blé s'établit très aisément.

2° On objectait à l'échelle mobile qu'elle variait trop souvent, qu'avec ces variations, le commerce ne pouvait plus, avec sécurité, ni faire ses commandes, ni les recevoir ; que ce système paralysait dès lors et la spéculation légitime et le commerce nécessaire.

Il y avait du vrai dans cette objection.

Mais alors le télégraphe n'existait pas !

Mais alors la navigation à vapeur ne fonctionnait pas comme aujourd'hui !

Mais alors il fallait six mois pour commander un chargement et le faire venir de la mer Noire !

Mais aujourd'hui on télégraphie en quelques heures en Amérique !

Mais aujourd'hui, en quinze jours, on fait venir son blé des accumulateurs de Chicago !

Donc rien n'est plus facile que de constater le cours du blé d'un mois pour déterminer le droit à percevoir sur le blé étranger pendant le mois suivant.

Pour effectuer cette revision périodique, si le délai d'un mois est jugé trop court, qu'on mette trois mois ou six mois, si on veut. C'est une question de détail.

Ce qu'il y a de sûr c'est qu'en tous cas l'alimentation publique est assurée.

Le retour à l'échelle mobile gênera peut-être les longues spéculations sur le blé. Celles-là, dit l'orateur, ne me paraissent pas nécessaires pour assurer, dans les meilleures conditions possibles, les besoins de la consommation publique.

Quant aux chiffres qui serviraient d'assiette à la base de l'échelle mobile, l'orateur se rallierait volontiers au chiffre de 27 francs les 100 kilos qui a été proposé.

M. Marc de Haut incarne toute sa thèse dans cette formule : il faut fixer un chiffre représentant le prix de revient rémunérateur du blé au-dessus duquel le blé étranger entrera en franchise et au-dessous duquel le droit sur le blé étranger serait frappé de 1 franc de droit au fur et à mesure que le blé français baisserait lui-même de 1 franc.

Ce système a un grand avantage : si vous ne voulez pas mettre un droit variable sur le blé étranger, vous êtes condamnés à prendre un droit fixe ; si vous mettez un droit fixe il faut que ce droit fixe soit sérieux ou il n'aboutira à rien. Aujourd'hui, si vous voulez un droit sérieux, il vous faut 9 francs sur 100 kilos de blé. Or, qui demandera un droit pareil ? Personne.

Qui le votera ? Personne.

Même à 5 francs vous aurez des difficultés énormes.

Si le droit est fixe, il est donc condamné à être dérisoire au moins dans les circonstances actuelles.

Si vous voulez un droit qui vous soit toujours secourable, prenez donc le droit variable.

Ce droit-là s'assouplira à vos besoins ; il suivra les fluctuations du marché ; il s'accommodera à tout et à tous. Avez-vous besoin de 1 franc de droit sur le blé étranger, il vous le donnera et ne vous donnera que cela. Avez-vous besoin, dans les temps rares et malheureux, de 9 francs sur le blé étranger, il vous le donnera et vous donnera tout cela. Il changera toujours et par cela même il sera toujours juste et vrai. (*Applaudissements.*)

M. Pouyer-Quertier, sénateur, membre du Conseil de la Société :

J'aurais pu, il y a quelque temps, dit l'orateur, me rattacher à l'application d'un droit de 3 francs sur le quintal de blé étranger.

Maintenant ce serait un droit fixe et brutal qui ne donnerait même pas ce qui est nécessaire.

Je me rangerai donc à un droit mobile qui varierait suivant le cours du blé.

Cette semaine, j'ai reçu de Londres des documents officiels. Le blé américain était coté 12 fr. 50 l'hectolitre.

Quant à l'Inde, les blés de ce pays sont plus à craindre que jamais ; le transport de la tonne, qui était de 25 francs de Calcutta, est aujourd'hui de 14 francs, c'est-à-dire 1 fr. 40 le quintal, c'est-à-dire meilleur marché que le transport de Paris à Dijon.

Notez même que le navire qui apporte le blé passe à Suez ; qu'il paye à l'isthme de Suez un droit fiscal de 6 fr. 50 par tonne de poids, ce qui veut dire que le fret net, qui représente réellement le transport, est de 7 fr. 50 de Calcutta, soit 0 fr. 75 les 100 kilos. C'est moins que le transport du Havre à Paris, pour lequel nous payons 10 francs la tonne, ou 0 fr. 05 par kilomètre pour le blé étranger ; et, par application sans doute de la clause de la nation la plus favorisée, 13 fr. 20 la tonne ou 0,06 1/2 par kilomètre pour le blé national français.

Là-bas, aux Indes, le prix de revient du blé diminuera toujours et toujours.

Là-bas, la valeur du sol est nulle.

Là-bas, il n'y a pas d'impôt.

Là-bas, les hommes sont nourris toute une journée avec une poignée de riz qui vaut deux sous.

Là-bas, les vêtements des hommes ne coûtent pas cher.

Là-bas, les femmes s'habillent avec un collier.

En face de ces périls américains et asiatiques, je dis qu'il est plus utile de sauver la culture du blé français que de bâtir des forteresses à coups de milliards.

Je dis que la question est au premier chef une question d'indépendance nationale. Je dis que c'est l'agriculture et l'agriculteur qui payent les lourds impôts de nos budgets écrasants. Et je vous demande, messieurs, ce que vous ferez, quand vous serez à l'Est, cernés par des masses d'ennemis profondes et à l'ouest bloqués par une flotte audacieuse ? Dites-moi alors qui fera du blé, qui vous le vendra !

Ce n'est pas seulement le producteur qui est intéressé à l'établissement d'un droit sage sur le blé étranger ; le consommateur lui-même a tout à y gagner.

C'est le seul moyen de ne pas lui ravir son travail et son salaire.

J'occupe pour ma part, 3.000 ouvriers. Pas un seul jour depuis trente ans ils n'ont manqué de travail. Demandez-leur, je vous prie, ce qu'ils préfèrent, ou de subir des chômages périodiques ou de risquer de payer le pain un ou deux centimes de plus par livre.

Si vous refusez de mettre un droit, savez-vous qui vous frappez par ce refus ? vous frappez le producteur des campagnes et ce producteur des campagnes n'est autre chose que le consommateur des produits des villes.

La crise agricole amène à bref délai la crise industrielle.

Si le travail a manqué hier à la campagne, il manquera aujourd'hui à la ville.

Les industriels des villes sont alarmés ; ils consultent, avec anxiété, l'état progressivement baissant de nos exportations. Mais ces exportations ne représentent que 6 0/0 du commerce total de la France ; c'est un appoint et même un excellent appoint, pour déverser notre trop-plein au dehors. Mais ce n'est qu'un appoint. Le véritable débouché, c'est le débouché du marché intérieur ! Les vrais clients des villes, les vrais consommateurs des produits des villes, ce sont les agriculteurs. Ce sont ces 26 millions de paysans qui consomment nos meubles, nos vêtements, nos machines, nos articles de fantaisie, etc., etc. Et quand la campagne s'arrête dans ses commandes et dans ses achats, la ville s'arrête forcément et promptement dans ses productions et dans ses ventes...

L'orateur revient à l'échelle mobile. Il approuve ce système ; il est persuadé que le commerce avec les éléments actuels qui suppriment pour ainsi dire le temps et la distance, ne saurait subir, du chef de l'échelle mobile, aucune gêne sérieuse.

Je sais, ajoute M. Pouyer-Quertier, combien ces questions actuelles préoccupent les candidats aux fonctions électorales. Je vois d'ici ces candidats comptant ce qu'il y a d'ouvriers consommateurs dans leur circonscriptions et combien il y a de cultivateurs producteurs dans cette même circonscription. Le candidat balance ces deux données et a une tendance irrésistible à se ranger à la doctrine « du plus grand nombre ».

Ce sont là des intérêts mesquins qu'il faut définitivement dédaigner. Il est temps que nous n'accordions notre confiance qu'à ceux qui ne se préoccuperont que de l'intérêt général.

M. Pouyer-Quertier termine en disant qu'un *mea culpa* n'est déshonorant pour personne. Bien des gens se sont trompés ; il n'auraient jamais cru que le blé étranger arrivât sur notre marché à des prix si bas. Il est toujours honorable de reconnaître son erreur. (*Applaudissements.*)

M. Gatellier, vice-président du syndicat des grains et farines de Paris, président de la société d'agriculture de Meaux et délégué de cette société, après avoir combatu l'échelle mobile proposée par M. de Haut, parce que les opérations commerciales pour l'acquisition du blé étranger qui nous est nécessaire à certains moments, ne se réalisent pas aussi simplement qu'on vient de le dire, demande seulement, quant à présent, la permission d'établir quelle est la relation qui doit exister entre le droit de douane sur la farine et le droit sur le blé. Il demande à traiter cette question parce qu'il est à la fois cultivateur et meunier, parce qu'il est président de la Société d'agriculture de Meaux et vice-président du syndicat des grains et farines de Paris.

La sucrerie a dernièrement obtenu un droit de douane de 7 francs par quintal de sucre, c'est-à-dire plus de 10 p. 100 sur le prix moyen du sucre qui peut être évalué à 50 francs. Il est nécessaire que la meunerie soit traitée au moins dans les mêmes conditions, puisque cette industrie est même plus importante que celle du sucre. En effet, la sucrerie fran çaise fabrique des produits d'une valeur de 200 millions. La meunerie française fabrique des produits d'une valeur de 2 milliards.

En admettant pour la meunerie un droit compensateur de 10 p. 100 seulement, on se montre très modéré, par rapport à ce qui est accordé à toutes les industries, et à ce qui vient d'être accordé à la sucrerie. Or, le prix moyen de la farine première est de 35 francs le quintal, le dixième de ce taux serait donc 3 fr. 50 ; c'est là le droit qu'il faudrait appliquer pour la farine. s'il n'y avait pas de droit sur le blé ; mais si l'on établit, ce qui est juste, un droit compensateur sur le blé, il faut ajouter aux 3 fr. 50 déjà indiqués la parité du droit qu'on veut établir sur le blé. Or 150 kil. de blé correspondent à 70 kil. de farine. Si l'on appelle A les droits sur 100 kil. de blé, la parité de ce droit pour 100 kil. de farine sera établie par la formule $\dfrac{A + 105}{70}$

Le droit à indiquer pour le quintal de farine peut donc être établi par la formule algébrique suivante :

Le droit de douane sur le quintal de farine $x = 3\text{ fr. }50 + \dfrac{A \times 100}{70}$

Si le droit sur le blé est établi à 5 fr. par quintal, la formule ci-dessus donnera : $x = 3\text{ fr. }50 + 7\text{ fr. }14 = 10\text{ fr. }64$.

M. Gatellier, après avoir établi cette formule, dit que la situation actuelle est intolérable pour la meunerie et pour l'agriculture ; car avec le système actuel il y a plus d'avantage à être meunier en Belgique qu'autour de Paris, pour fournir de la farine à Paris même. Le meunier belge jouit sur le meunier français d'une prime assez importante.

En voici les raisons :

D'après l'étude des cours du blé de même qualité et de même prove- nance à Anvers et dans nos ports de la Manche, pendant toute une année, on arrive à ce résultat, que le prix du blé à Anvers est en moyenne de 1 franc. meilleur marché par quintal. Cela tient à diverses causes.

1° A Anvers il n'y pas à payer le droit de 0 fr. 60 par quintal de blé ;

2° Le port d'Anvers est mieux aménagé et mieux outillé que nos ports français ; cela résulte d'un rapport officiel ;

3° Anvers est mieux relié à l'intérieur par chemins de fer et par voies navigables que nos ports français et par cela même les navires y trouvent plus facilement du fret de retour.

Le meunier belge paye donc son blé à Anvers 1 franc de moins que le meunier français ne le paye au Havre.

En outre le charbon, c'est-à-dire la force motrice, et la main-d'œuvre coûtent moitié moins cher en Belgique qu'autour de Paris.

Dans un livre qui a paru dernièrement sur les expériences de mouture organisées par la chambre syndicale, M. Grandvoinet, professeur à l'institut agronomique, a établi :

Que par quintal de blé moulu par le meunier français autour de Paris,
le charbon dépensé était d'une valeur de . . . . 1 fr. 50
La main-d'œuvre de 0   60
____
Total 2   10
dont la moitié est de . . . . 1 fr. 50

Le meunier belge paye donc en moins par rapport au meunier français pour moudre un quintal de blé. . . . . 1 fr. 50
et en moins pour l'acquisition du blé. 1   00
____
Total . . . . 2 fr. 05

2 fr. 05 par quintal de blé correspondent à 2 fr. 90 par quintal de farine, ci . . . . 2 fr. 90
Comme la farine paye à l'entrée en France 1   20
____
La prime du meunier belge est définitivement de . . . . . 1 fr. 70

Il est vrai que le meunier belge a quelques francs de transport pour amener sa farine à Paris ; mais cela n'est pas important : le prix de transport des farines et céréales d'Anvers à Paris par eau, est le même que celui du Havre à Paris par chemin de fer.

Cette situation doit être modifiée et modifiée au plus vite aussi bien pour le blé que pour la farine ; car cette année où la statistique officielle indique une production suffisante de blé pour la consommation française, depuis le mois d'août il entre, à cause du retard apporté dans la fixation des droits de douane, 1 million de quintaux de blé par mois.

A la suite du discours de M. Gatellier, la séance est levée à 11 h. 1/2.

Le Secrétaire,

AMELINE DE LA BRISELAINNE.

DEUXIÈME SÉANCE

20 novembre, à 2 heures.

M. E. de Monicault, vice-président de la Société des agriculteurs de France, président du comice de Trévoux (Ain), dit qu'il est préoccupé de l'introduction dans le débat d'un élément nouveau, le système de l'échelle mobile.

Nous demanderions ainsi un régime particulier pour l'agriculture.

Cent fois mieux vaut rester sur le terrain de nos revendications, celui de l'égalité entre l'agriculture et l'industrie et d'un droit fixe.

Sur le fond de la question, l'orateur ajoute que le comice de Trévoux, dont il est président, avait il y a quelque temps demandé des droits fiscaux modérés. Mais les choses ont marché et devant la situation déplorable de l'agriculture, ce comice se joint maintenant au département de l'Aisne, pour demander les mêmes droits que lui.

Dans la partie de l'arrondissement de Trévoux, où la culture du blé est la culture dominante, la moitié des cultivateurs est déjà ruinée ; l'autre moitié est en train de se ruiner à son tour.

L'étranger supportera le droit en totalité à la frontière. Mais nous pensons que la culture française ne bénéficiera probablement que d'un tiers de ce droit.

Nous croyons que la charge qui peut résulter du relèvement des droits sera insignifiante pour le consommateur.

Nous pensons enfin que ce système empêchera le blé de tomber à des prix désespérants d'avilissement.

M. Marc de Haut : Le préopinant vient de dire que les autres industries demandaient un droit fixe à l'entrée de leurs produits et que, nous autres, nous demandions un droit mobile, ce qui blessait l'égalité entre l'agriculture et l'industrie, qui a toujours été l'un des principes de nos revendications.

Si nous faisons cela c'est que nous craignons de froisser une partie de l'opinion publique en demandant un droit qui doit être élevé en face des circonstances et qui paraîtra plus dangereux encore si ce droit est destiné à demeurer permanent.

L'orateur demande une protection. Mais il ne demande que le minimum nécessaire. Il ne manque pas de se préoccuper de l'alimentation de l'ouvrier ; il cherche et il trouve dans l'échelle mobile une combinaison qui met l'ouvrier à l'abri de la famine et le cultivateur à l'abri de la détresse.

L'échelle mobile a, pendant cinquante ans, fait la prospérité de la France.

Vous êtes tous, messieurs, trop jeunes pour vous le rappeler. (*Hilarité générale.*)

Savez-vous quel était l'état de la France en 1819 ? Savez-vous quel était l'état de l'industrie ? Savez-vous quel était le prix de la terre et le prix des fermages ? Comparez ce qui existait en 1819 et 1856, quand on a supprimé l'échelle mobile ; vous verrez qu'entre ces deux époques tout avait triplé de valeur.

Je sais bien que le mot échelle mobile sonne mal ; c'est pour cela que nous l'appelons *droit variable*, ou, si vous aimez mieux, *droit gradué*.

Nous ne demandons que juste le droit de vivre pour l'agriculture qui fait vivre les autres.

Franchement, ce n'est pas trop.

Notez que le droit variable a encore cet avantage qu'il vous offre la facilité de diminuer le droit tout autant que de l'augmenter.

M. E. de Monicault est ici, comme nous tous, pour réclamer l'application d'un droit d'entrée sur le blé étranger.

Nous ne délibérons que pour trouver le meilleur système qui en arrivera là. Nous ne voulons qu'assurer notre droit de vivre, et nous ne demandons que juste ce qu'il nous faut pour vivre.

Encore une fois l'échelle mobile est la meilleure conciliation entre le consommateur et le producteur.

C'est la voie du salut contre l'Amérique qui nous envoie tant de blé ; contre les Indes qui nous en promettent beaucoup trop ; contre l'Australie ou tout autre point du globe plus antipodique, s'il y en a, qui tarderont point à concurrencer de plus en plus nos produits nationaux.

L'échelle mobile étant adoptée en principe, par quelle procédure la mettra-t-on en œuvre ?

Faut-il mettre en mouvement, pour la faire fonctionner, la machine législative ?

Non ! oh non ! car cette machine législative est trop fatiguée. C'est long, difficile, douteux et aléatoire !

Faudrait-il laisser aux pouvoirs administratifs la faculté de modifier, de suspendre, de rétablir le droit de douane à la frontière ?

Non ! jamais ! jamais ! c'est la possibilité de spéculer. De 1856 à 1860 on a, par le régime des décrets impériaux, fait, défait et refait les chiffres de l'échelle mobile. A aucune époque, les réclamations n'ont été plus énergiques et de la part de tout le monde.

Il faut donc en revenir à ceci : Que la loi, statuant comme principe, détermine une fois pour toutes les périodes fixes dans lesquelles et les données mathématiques selon lesquelles le droit de douane sera revisé. L'application ne constituera plus qu'un simple problème arithmétique. (*Très bien ! très bien !*)

M. A. de La Valette, membre du Conseil de la Société, délégué de la société d'agriculture de Grenoble, défend avec énergie le droit fixe et combat avec non moins d'énergie l'échelle mobile.

Le droit fixe, que représente-t-il ? il représente la compensation des charges entre la France et les pays étrangers. Donc il est et sera une vérité permanente.

Contre le droit fixe, on dit qu'il pourrait aggraver une crise, si une crise nécessitait l'entrée du blé étranger. On oublie que cette crise n'est plus possible aujourd'hui, grâce aux conditions et au bon marché des transports.

Avec un droit variable, comment voulez-vous que le commerce puisse asseoir ses opérations ? Le système proposé n'est pas heureux, d'ailleurs ; car, par cette variabilité même, vous vous mettez tout le commerce à dos et vous vous créez un obstacle de plus pour obtenir ce que vous voulez.

Remarquez d'ailleurs que quand le blé français sera à 27 francs par exemple, avec le droit mobile l'étranger ne payera rien.

Le blé viendra alors de l'étranger en quantités d'autant plus considérables qui auront pour effet de faire baisser sensiblement le prix du blé français et même d'autant plus que ce stock français sera lui-même plus abondant.

Votre échelle mobile ne résout donc pas la question, au contraire.

M. Werlein, délégué de la société d'agriculture du Doubs et du comice agricole de Poligny (Jura), défend le droit variable et indique les chiffres des tarifications votées par les sociétés qu'il représente.

M. Butel, délégué de la société d'agriculture de Meaux (Seine-et-Marne), dit que nous nous trouvons en présence d'une Chambre de députés et d'une commission parlementaire saisie de la question du blé et des bestiaux qui semblent préférer le droit fixe au droit variable. C'est une raison décisive pour voter le droit fixe.

Au fond, il ajoute que le commerce achète à trois, quatre et six mois, et que ce serait prêter le flanc à de sérieuses objections que d'apporter un obstacle à ces spéculations légitimes.

M. Perrin, délégué de Seine-et-Oise, dit qu'il est constant que la production agricole paye à titre d'impôt, et sous toutes les formes, 34 p. 100 de son prix de revient ; il semble dès lors que la question est bien simple et que le meilleur moyen de rétablir l'égalité entre la France et l'étranger est de faire justement payer aux produits similaires de l'étranger un droit de 34 p. 100 sur leur prix de revient.

M. Martin, président du cercle des agriculteurs de la Côte-d'Or, fait connaître les tarifs qui ont été votés par une grande réunion agricole dans ce département.

M. Le Breton, président du comice agricole et délégué de l'association des agriculteurs de la Mayenne, expose qu'une réunion de 17 comices ou sociétés agricoles de son département a eu lieu dernièrement dans la Mayenne ; que tout le monde a voté le droit mobile ou gradué ; et que tout le monde a été déterminé par cette raison qu'un droit fixe de 5 francs par quintal de blé qui est déjà insuffisant aujourd'hui dans l'intérêt de l'agriculture, ne serait cependant maintenu par aucun gouvernement en présence d'une crise industrielle. L'autorité, en pareil cas, ne manquerait pas de supprimer le droit fixe, et le droit gradué aurait infiniment plus de chance d'être maintenu.

M. Le Breton fait connaître les résolutions des 17 comices qui sont ainsi conçues :

Considérant que les produits agricoles français supportent une somme d'impôt de toute nature représentant 15 p. 100 de leur valeur, les agriculteurs réunis à Laval, le samedi 15 novembre 1884, demandent :

1º Qu'il soit établi à l'entrée de tous les produits agricoles étrangers un droit de douane variable pour le blé, fixe et permanent pour tous les autres produits, calculé d'après les valeurs moyennes de chacun d'eux, telles qu'elles ont été fixées dans les trois dernières années par l'administration des douanes, et équivalant à 15 p. 100 de ces valeurs ;

Qu'en conséquence ces droits de douane soient fixés de la manière suivante :

Bœufs (valeur moyenne, 460 fr. par tête), droit à établir. 69 fr. par tête.

Vaches (valeur moyenne, 300 fr. par tête), droit à établir. 45 fr.   —

Bouvillons et génisses (valeur moyenne 175 fr.), droit à établir . . . . 25 fr.   —

Ou pour ces trois espèces d'animaux 10 francs par 100 kil. poids vif.

Moutons (valeur moyenne 50 fr.), droit à établir . . . . 7 fr. 50 —

Porc gras (valeur moyenne 120 fr.), droit à établir . . . 18 fr.   —

Porcillons (valeur moyenne 20 fr.), droit à établir. . . 3 fr.   —

Chevaux et juments (valeur moyenne, 1.000 fr. et 1.500 fr.) droit à établir . . . . 150 fr.   —

Poulains (valeur moyenne 400 fr.), droit à établir . . . 60 fr.   —

Orge, seigle, avoine par quintal (valeur moyenne 20 fr.) 3 fr.   —

Pour le blé, que le droit soit gradué ainsi qu'il suit :

Au cours moyen de 22 à 24 fr. l'hectol., droit à établir. . 3 fr. l'hectol.

Au cours moyen de 24 à 25 fr. l'hectol., droit à établir. . 2 fr.   —

Au cours moyen de 25 à 26 fr. l'hectol., droit à établir. . 1 fr.   —

Au-dessus du cours moyen de 26 fr. l'hectolitre dans toute la France, le droit d'entrée serait entièrement supprimé.

Au cours moyen de 20 à 22 fr. l'hectol., le droit d'entrée serait porté à. . . . . 4 fr. l'hectol.

Au cours moyen de 18 à 20 fr. l'hectol., le droit d'entrée serait de. . . . . 5 fr.   —

Au cours moyen de 16 à 18 fr. l'hectol., le droit d'entrée serait de. . . . . 6 fr.   —

Au cours moyen de 14 à 16 fr. l'hectol., le droit d'entrée serait de . . . . 7 fr.   —

Que tous les trois mois un décret fixe sur cette base les droits d'entrée du blé d'après les mercuriales moyennes du trimestre expiré, publiées au *Journal officiel.*

Qu'enfin les ressources fournies au Trésor public par ces nouveaux tarifs d'importation, soient exclusivement employées au profit de l'agriculture, soit par la réduction des droits de mutation, d'enregistrement et d'hypothèque qui sont le plus grand obstacle au développement du Crédit agricole, soit à la création d'une caisse spécialement destinée à l'entretien des chemins ruraux.

M. Larmet, délégué de la société d'agriculture du Doubs : Cette société a voté un droit variable. Ce qui l'a déterminée c'est que la protection adoptée ne vaudra au profit de l'agriculture que si finalement elle laisse une plus-value dans la caisse du cultivateur. Pour que plus-value il y ait, il faut donc que le droit soit mobile suivant les circonstances et les cours du blé.

M. Monclart, ingénieur, donne quelques renseignements sur les Indes, qu'il a habitées. L'hectare y vaut 100 francs. La terre produit deux récoltes par an. La main-d'œuvre coûte 0 fr. 50 par jour.

Passant aux traités de 1860, il dit que ces traités ont été une duperie, car si l'Angleterre diminuait les droits généraux d'entrée à la frontière, elle créait traîtreusement sous main des taxes locales énormes.

M. Pouyer-Quertier résume la question.

Les uns veulent un droit fixe, les autres un droit gradué.

Le moyen de mettre tout le monde d'accord, le voici :

C'est de réclamer d'abord d'une manière ferme un droit fixe.

On ajoutera ensuite que si ce droit fixe paraît trop brutal et trop lourd aux pouvoirs publics, nous leur demandons subsidiairement un droit gradué.

Dans les deux cas c'est toujours bien un droit compensateur et il est clair que dans les deux cas, ce droit, fixe ou mobile, doit avoir une certaine durée et ne pas se modifier à chaque instant.

M. de Haut déclare se rallier à cette proposition.

M. A. Durand-Claye, membre du Conseil de la Société, ingénieur en chef des ponts et chaussées, à Paris :

Messieurs, je ne me fais aucune illusion sur le sort réservé aux observations que je me permets de vous soumettre ; je vais à l'encontre de vos sentiments, à peu près unanimes ; vous représentez, messieurs, une classe de producteurs. Mais une assemblée comme la vôtre, aussi nombreuse, aussi autorisée par les nombreux comices qu'elle représente, ne peut se séparer sans entendre un avocat des consommateurs. (*Exclamations.*)

Je ne puis comprendre, messieurs, comment ce simple mot de consommateur peut soulever une pareille protestation. Oui, messieurs, nous sommes ceux qui consommons les substances que vous produisez ou plutôt que beaucoup d'entre vous, ici présents, faites produire par d'autres sur des terres que vous affermez, — et nous, consommateurs, nous avons intérêt à payer le moins cher possible ce que nous consommons. (*Protestations.*) Comment! vous voulez me faire croire que, majorant le quintal de blé de 5 ou 6 francs, vous ne changerez en rien le prix du pain ? Comment, la matière première étant payée plus cher, cela n'aura aucune influence sur la matière fabriquée ? Et avec du blé et de la farine payée plus cher, nous ne verrons pas monter le prix du pain ? Messieurs, il faut avoir le courage de son opinion : vous élèverez le prix du pain, et je laisse à vos consciences le soin d'en tirer une conclusion au point de vue de la masse de nos populations ouvrières, spécialement dans les années où le ciel nous refusera une bonne récolte. (*Rumeurs.*)

Mais votre impatience me force d'écourter : vous atteignez le consommateur, quoique vous disiez ; d'autre part vous ne procurez pas au producteur les avantages qu'il espère. Savez-vous ce que croient tous les paysans, tous ces millions d'ouvriers agricoles et de très petits propriétaires qui ne sont pas représentés ici ? Ils croient que, mettant un droit de 5 ou 6 francs à l'entrée des blés étrangers, vous allez faire monter de 5 ou 6 francs le quintal de blé français ! (*Non! non!*) Je ne dis pas cela pour vous, messieurs ; mais croyez-le bien, c'est là l'opinion de la masse de la population agricole, c'est le mirage qu'on fait briller aux yeux du cultivateur. — Et il est bien simple cependant de se rendre compte que si les 13 millions d'hectolitres de blé importés en 1833 avaient été frappés d'une taxe de 6 francs, cela n'aurait eu qu'une bien faible influence proportionnelle sur les 104.000.000 d'hectolitres produits en France.

Vous luttez en vain, messieurs, contre le mouvement général qui entraîne les nations à s'unir, à confondre leurs intérêts en perçant les montagnes, en multipliant les voies ferrées et les lignes de paquebots. — Quoi qu'on fasse, les échanges se multiplient et cette multiplication entraîne un progrès constant dans le bien-être des masses. Au lendemain de nos désastres, nous étions heureux en 1871 de laisser entrer librement chez nous 14 millions d'hectolitres de blé étranger ; en 1872, nous dépassions, grâce à une bonne récolte l'importation par nos exportations ; puis venaient les mauvaises années de 1875, 1876, etc., et nous voyions les importations reprendre le dessus, et combler, sans souffrances pour le pays, sans l'ombre de famine, le vide regrettable de nos récoltes. Qui eût osé, à cette époque, frapper d'un droit les blés étrangers ? Mais voici les dernières années qui sont relativement bonnes, vous produisez en 1882, 122.000.000 d'hectolitres, et l'importation continue : les quais d'Odessa et de New-York continuent à nous expédier leurs blés ; notre marine continue un trafic, qui trouve un outillage tout fait ; on importe encore 17.000.000 d'hectolitres, et la consommation monte, et le paysan remplace son pain grossier de seigle par le pain blanc de froment !

(L'assemblée proteste avec énergie, non pas certes, contre la personne de notre sympathique collègue, mais contre ses idées qui froissent profondément les convictions de la réunion ; et, malgré les efforts réitérés du président qui cherche à maintenir la parole à l'orateur, l'assemblée ne permet plus à M. Durand-Claye de continuer ses observations.)

M. Pouyer-Quertier. — Il paraît que je n'ai pas été compris. Que disons-nous ? Il y a 38 millions d'habitants en France ; la moitié d'entre eux vivent du travail des champs ou sur leurs fermes ; ils sont alimentés par leur récolte, car tous les blés ne vont pas au marché. — L'agriculteur, qui, lui aussi, a l'habitude de manger du pain, le prend sur sa ferme. Que lui importe le cours du marché, s'il trouve ce qu'il lui faut dans sa terre et s'il n'est pas forcé d'aller à ce marché où il rencontre la concurrence étrangère contre laquelle il ne peut pas lutter par suite des charges qu'il supporte ? Mais, lorsqu'il ne produit plus de quoi se nourrir, si vous ne lui fournissez pas la compensation des sommes qu'il débourse, je vous demande ce qu'il pourra donner à ses ouvriers ? D'ailleurs, croyez-vous que si le pain est cher à Paris, ce soit à cause du prix du blé ? En aucune façon ! Si le pain est à 0 fr. 40, c'est à cause de la taxe fixée par les boulangers ; c'est à ceux-ci qu'il faut s'en prendre. Il est vrai que, même à ce prix, l'ouvrier, s'il gagnait aisément sa vie, ne le trouverait pas trop cher, car, en réalité, le pain n'est vraiment cher que pour celui qui n'a pas de salaires et qui ne peut pas le payer. Lorsque, au contraire, le travailleur peut facilement employer ses bras, aux champs ou ailleurs, lorsque la prospérité des affaires permet de lui donner un salaire rémunérateur, lorsqu'il est certain de n'avoir pas de chômage, alors, soyez-en certains, ce n'est pas un centime ou deux de plus à payer par livre de pain qui le mettra dans la gêne !

De ce que l'on a importé plus de céréales, vous en avez conclu que l'on avait consommé plus de pain en France — c'est une grande erreur. Si vous aviez regardé les tableaux de douane de ces années-là, vous auriez vu que les exportations ont aussi augmenté et qu'on n'a pas consommé plus de pain pour cela. Il en est du pain comme du sel ; on ne mange pas du sel par plaisir, on en mange juste ce qui est nécessaire à l'assaisonnement des aliments que l'on consomme. De même, le riche et le pauvre consomment, à peu près, la même quantité de pain ; le riche en consomme peut-être un peu moins parce qu'il se nourrit d'aliments plus substantiels. Quoi qu'il en soit, la consommation moyenne du pain en France est d'environ 550 grammes par jour, c'est-à-dire quelque chose de plus qu'une livre par tête. Qu'est-ce donc, pour l'ouvrier qui travaille, que la faible augmentation qui pourra résulter, sur une livre de pain, de l'application du droit si minime que nous réclamons ? Si ce droit maintient le travail, la richesse et le bien-être dans nos campagnes, ouvriers, fermiers et patrons en profiteront. Lorsque nous demandons de frapper à l'entrée les produits étrangers d'un droit équivalent à celui que nous payons entre les mains du Trésor, vous imaginez-vous que nous voulions faire monter de 5 francs tous les quintaux de blé qui se produisent en France ? Les droits ne font pas toujours augmenter de leur montant les produits qu'ils atteignent. Vous en avez eu un exemple frappant il y a quelques années.

On a supprimé l'importation des porcs américains. Que n'a-t-on pas dit alors ? On a dit que l'on voulait affamer le peuple, l'empêcher de manger de la viande. Or, quel a été le résultat produit? C'est que le porc n'a jamais été à aussi bas prix qu'aujourd'hui, en France.

Quand l'agriculture trouve la sécurité de la vente de ses produits dans ses débouchés naturels de l'intérieur, elle produit beaucoup et vend à bon marché.

Le même phénomène se produira pour les blés, n'en doutez pas. Mais si vous demandez à un homme, qu'il soit agriculteur ou industriel, de travailler à perte, il vous répondra, quelle que soit sa bonne volonté : « Je ne le puis pas ! » Sa bourse se vide, la gêne arrive ; n'ayant plus de travail, il se voit dans l'obligation de fermer ses ateliers, ses chantiers. Alors, conséquence immédiate, l'ouvrier n'a pas de travail et se trouve sans pain.

Soyez donc bien persuadés que ce que nous défendons ici, ce ne sont pas seulement les intérêts des agriculteurs et des propriétaires du sol, mais en même temps, et plus énergiquement encore, le travail de nos ouvriers des campagnes et des villes, c'est-à-dire la prospérité même de la France.

Si nous combattons, aujourd'hui, avec ténacité, pour l'établissement de droits compensateurs, c'est afin de repousser, à tout prix, la misère qu'on réserve à nos ouvriers par l'application du système de prétendue liberté ! (*Applaudissements.*)

A ce moment, plusieurs membres demandant la clôture de la discussion, M. le Président met la clôture aux voix. Elle est adoptée.

Les deux résolutions suivantes sont mises aux voix :

1° QUE LE DROIT ACTUEL A L'IMPORTATION SUR LE BLÉ SOIT RELEVÉ.

Cette première résolution est adoptée à l'unanimité moins une voix.

2° QU'A DÉFAUT DU RELÈVEMENT DE CE DROIT FIXE, IL SOIT ÉTABLI UN DROIT VARIABLE HAUSSANT OU BAISSANT SELON LE COURS DES BLÉS.

Cette seconde résolution est adoptée à une très grande majorité. La séance est levée à 5 heures.

Le Secrétaire,

AMELINE DE LA BRISELAINNE.

TROISIÈME SÉANCE

21 novembre, 9 heures 1/2 du matin.

La veille, une commission avait été élue par l'assemblée pour dépouiller les nombreux dossiers des comices et associations agricoles, relativement aux chiffres des tarifications proposées sur les céréales et sur les bestiaux venant de l'étranger.

Cette commission s'est livrée à un minutieux travail pendant la soirée du 20 novembre.

Elle était composée de MM. :

F. Jacquemart (Aisne), vice-président de la Société, président de la commission.

P. Teissonnière (Hérault), secrétaire général de la Société.

E. de Monicault (Ain), vice-président de la Société.

E. Pluchet (Seine-et-Oise), vice-président de la Société.

Comte de Luçay, secrétaire général adjoint de la Société.

M. de Haut (Seine-et-Marne), membre du Conseil de la Société.

Ameline de la Briselainne (Côtes-du-Nord), membre du Conseil de la Société.

De la Massardière (Vienne), membre du Conseil de la Société.

Houdaille de Railly (Yonne), secrétaire-adjoint de la Société.

E. Lecouteux (Loir-et-Cher), directeur du *Journal d'Agriculture pratique*.

Le Breton (Mayenne), délégué de l'association des agriculteurs de la Mayenne.

Nice (Aisne), délégué du comice de Laon.

Gentilliez (Aisne), délégué du comice de Marle.

J. Sainte-Beuve (Seine-et-Oise), délégué du comice de Seine-et-Oise.

Gatellier (Seine-et-Marne), délégué de la société d'agriculture de Meaux.

Groualle (Loire), délégué du groupe des agriculteurs de la Loire.

M. Houdaille de Railly présente le rapport de la commission :

« Messieurs, vous avez hier, sur la proposition de M. le Président,
« nommé une commission chargée d'étudier et de proposer à vos suf-
« frages le quantum du droit fixe sur le blé que nous devions deman-
« der aux pouvoirs publics.

« Cette commission s'est réunie dès la fin de la séance, sous la prési-
« dence de M. Jacquemart. Elle m'a fait l'honneur de me choisir pour
« son rapporteur.

« Son premier soin a été de dépouiller le dossier contenant les vœux
« que les diverses associations agricoles ont adressés à la Société des
« agriculteurs.

« Un certain nombre de vœux sont malheureusement restés entre les
« mains de nos collègues et nous avons eu le regret de ne pouvoir en
« prendre connaissance. Mais le vote presque unanime, émis hier par
« l'Assemblée, ne laisse aucun doute sur leur esprit. Néanmoins 60 dé-
« partements comprenant environ 250 sociétés sont représentés dans ce
« dossier, et tous ont admis le principe de l'égalité de traitement entre
« l'agriculture et l'industrie et de l'établissement de droits compensa-
« teurs sur le blé.

« Les uns, et c'est le plus grand nombre, ont demandé, sans fixer de
« quantum, que ces droits représentent au moins l'équivalent des char-

« ges et des impôts supportés par le blé indigène. C'est le minimum de
« leurs revendications. Ce sont les départements de l'Aveyron, Cantal,
« Cher, Côte-d'Or, Dordogne, Jura, Loir-et-Cher, Haute-Loire, Loire-
« Inférieure, Lot, Lot-et-Garonne, Haute-Loire, Manche, Mayenne, Maine-
« et-Loire, Meuse, Morbihan, Nord, Oise, Pyrénées-Orientales, Rhône,
« Savoie, Seine-Inférieure, Somme, Saône-et-Loire, Haute-Saône, Tarn-
« et-Garonne, Var, Vendée, Vienne, Algérie.

« D'autres, le Doubs, l'Eure, l'Yonne, Jura, Seine-et-Marne, Haute-
« Saône, la Mayenne représentée par l'association de la Mayenne et seize
« comices, demandent l'établissement d'un droit mobile croissant et dé-
« croissant suivant le prix du blé, mais de façon qu'arrivé au prix maxi-
« mum de 30 ou 32 francs, le blé soit franc de tout droit.

« D'autres, Charente-Inférieure, Nord, Vienne, Seine-et-Marne, Meur-
« the-et-Moselle proposent de frapper les blés étrangers d'un droit va-
« riant de 10 à 20 p. 100.

« Le département des Ardennes demande même que le droit soit de
« 33 p. 100.

« L'Ariège veut un droit qui maintienne le blé à 21 francs l'hecto-
« litre ou 28 francs le quintal.

« Parmi les départements qui formulent un quantum, le Finistère (co-
« mice de Lanmeur), demande 3 francs, le Calvados, 6 fr. 25, la Loire,
« 7 francs, la Haute-Marne, 8 francs. Les autres, au nombre de 19, Aisne
« (6 comices), Ain, Allier, Ardennes, Côtes-du-Nord, Charente, Corrèze,
« Dordogne, Drôme, Eure-et-Loir, Finistère, Isère, Meurthe-et-Moselle,
« Nièvre, Oise, Seine-Inférieure, Seine-et-Oise, Tarn, Yonne, fixent à
« 5 francs par quintal le minimum du droit. Ils estiment que ce chiffre
« représente le minimum des charges de toute nature que supporte la
« production du blé en France.

« Après une discussion approfondie, la Commission a adopté le chiffre
« de 5 francs par quintal ; elle pense avec nos honorables correspondants
« et surtout avec les comices de l'Aisne qui ont si sérieusement étudié
« la question, que c'est le minimum auxquel doivent s'arrêter nos trop
« légitimes revendications. Elle croit être aussi, en vous proposant ce
« chiffre, l'interprète des nombreux comices qui, en nous faisant un
« tableau navrant mais véridique de notre agriculture, n'ont pas formulé
« de quantum mais portent haut néanmoins le drapeau de la vraie liberté
« commerciale en exigeant l'égalité devant l'impôt des produits agricoles
« étrangers et des produits agricoles nationaux.

« En conséquence, la commission vous propose de fixer à 5 francs par
« quintal de blé le minimum du droit à inscrire au tarif général des
« douanes.

« Quant au second vœu que vous avez adopté, la Commission ne croit
« pas devoir fixer les limites dans lesquelles pourrait équitablement se
« mouvoir un droit mobile croissant et décroissant avec les prix du blé

« régulièrement constatés. Elle déclare s'en rapporter aux termes même
« du vœu général que vous avez émis. »

M. le marquis de Dampierre, Président, a donné connaissance à l'assemblée, comme annexe naturelle de ce rapport, d'une proposition de loi qui vient d'être distribuée hier même à la Chambre des députés et qui émane des députés de l'Aisne. (1).

La coïncidence entre les conclusions de cette proposition et les résolutions de l'assemblée est une circonstance qu'il importe de noter. On ne peut reprocher à personne d'avoir copié l'autre. C'est sous le poids des mêmes souffrances et des mêmes nécessités, que, sans entente, les mêmes conclusions se sont formulées de part et d'autre. Les conclusions de cette proposition de MM. les députés de l'Aisne, sont celles-ci :

Froment, méteil, épeautre	les 100 kil. 5 fr.	au lieu de	0 fr. 60
Seigle, avoine, orge, maïs	— 3 fr.	—	0 fr. 00
Farine de toute nature	— 9 fr.	—	1 fr. 20
			pour le froment seul
Moutons	par tête 7 fr.	—	2 fr. 00
Bœufs	— 60 fr.	—	15 fr. 00
Vaches	— 40 fr.	—	8 fr. 00
Porcs	— 15 fr.	—	3 fr. 00
Porcs de lait	— 3 fr.	—	0 fr. 50
Viandes fraîches	les 100 kil. 20 fr.	—	3 fr. 00
Viandes salées	— 15 fr.	—	4 fr. 00

M. Pouyer-Quertier prononce alors le discours suivant qui est publié tel que la sténographie l'a recueilli.

Messieurs, nous voici en présence de l'application du principe que vous avez voté hier ; vous avez décidé qu'il était désirable que les pouvoirs publics accordassent à l'agriculture un relèvement des droits sur les céréales et sur tous les produits agricoles qui ne sont pas compris dans les traités de commerce.

Messieurs, le moment des discussions théoriques est passé ; il faut entrer aujourd'hui dans le vif de la question. La proposition, qui vous est faite par votre commission, fixe à 5 francs le droit sur le blé, — c'est là une proposition ferme qui coïncide avec ce qui s'est passé hier à la Chambre des députés, c'est-à-dire avec la proposition qui a été déposée par un certain nombre de députés du département de l'Aisne.

Mais, messieurs, avant d'entrer dans l'étude de cette question et avant de rechercher les remèdes applicables à la situation de l'agriculture, il est indispensable que vous compreniez bien qu'il n'y a pas seulement que le tarif applicable au froment qui doive être fixé par vous, mais que le tarif applicable à l'importation des avoines, des seigles, des maïs, des orges, des bestiaux de toute nature, bœufs, vaches, veaux, moutons, porcs, etc., doit aussi être voté par vous.

1. V. page 76, l'exposé des motifs de la proposition.

Il faut que tout cela soit compris dans la décision que vous êtes appelés à prendre aujourd'hui. Or, pour prendre une décision en connaissance de cause, il faut que vous sachiez de la façon la plus nette et la plus précise à quelles charges vous êtes soumis et quel impôt pèse sur chacun de vos produits. Car enfin, l'agriculture ne connaît très bien que ce qu'elle paye chez le percepteur, et, cependant elle acquitte des charges beaucoup plus considérables qu'elle ne connaît pas ; elle les acquitte sans s'en douter parce qu'elle les paye d'une manière tout à fait indirecte.

Je disais tout à l'heure que le moment des discussions théoriques était passé ; en effet, les économistes et les théoriciens en chambre ne nous ont encore jamais indiqué un seul remède à nos maux. Nous, nous demandons aujourd'hui un droit compensateur. — Je dis *compensateur*, parce que je n'appelle pas *protection* ce que nous réclamons en ce moment ; et j'approuve absolument le bureau d'avoir appelé droit compensateur le droit de 5 francs sur les blés qu'il se propose de réclamer des pouvoirs législatifs et financiers du pays.

Il a absolument raison. Mais avant tout il faut étudier si ce droit de 5 francs, vous le payez réellement à l'État, par quintal de blé que vous portez de vos fermes au marché. Si vous le payez réellement, il est indispensable que l'étranger ne soit pas mieux traité que vous-mêmes ; ou si vous trouvez plus juste cette image, je demande que vous soyez toujours, vous, Français, traités en France comme la nation la plus favorisée. (*Rires approbatifs. Très bien ! Très bien !*)

Si l'agriculture française paye réellement 5 francs par quintal de blé qui sort de sa ferme, je vous demande pourquoi cette pièce de 5 francs, que vous mettez dans la caisse du fisc, ne serait pas payée également par les produits de l'étranger. Or, ce droit de 5 francs, je vais vous démontrer, tout à l'heure, que l'agriculteur français le paye effectivement sur tout ce qu'il produit, je vous démontrerai que c'est sur cette base que nous devons fonder et établir notre projet de relèvement.

Si l'étranger n'était pas traité exactement, identiquement sur le même pied que le cultivateur français, où serait la justice ? (*Très bien ! Rires approbateurs.*)

Quelques personnes nous disent : « Ce droit de 5 francs sur les blés ne « constituera peut-être pas un remède suffisant pour relever la situation « actuelle de l'agriculture. » Je réponds : « Commençons d'abord par faire « voter ce droit, il soulagera d'autant les souffrances dont nous nous « plaignons. » Nous avons étudié la question sous toutes ses faces, et si nous réclamons ce chiffre de 5 francs, c'est qu'il représente aussi justement que possible la stricte compensation des charges qui accablent l'agriculture.

Chaque fois que les produits étrangers acquitteront, en passant par la douane, ce droit de 5 francs, ces 5 francs viendront augmenter les recettes de l'État et permettront des dégrèvements dont l'agriculture profitera.

Ce droit représentera donc, non seulement une compensation de ce que nous payons, mais encore il constituera un dégrèvement des charges qui pèsent sur nous. Il faut, en conséquence, que la formule que nous adopterons contienne la possibilité d'attribuer au dégrèvement des charges de l'agriculture les 5 francs qui seront versés par l'étranger dans le Trésor public.

Eh bien ! j'affirme qu'il y a là un remède à la situation présente. En admettant, comme on le déclarait hier, qu'il entre 17 à 20 millions de quintaux de blés étrangers par an en France, à 5 francs, cela fera 90 à 100 millions de francs, qui pourront venir en aide à l'agriculture ; or, comme la propriété foncière non bâtie paye 288 millions de contributions directes, il restera 188 millions seulement à solder par vous.

Le jour où l'agriculture aura trouvé, d'un côté, une défense contre les produits étrangers, par ce droit de 5 francs, et de l'autre un dégrèvement important de ses charges, je dis que l'on aura déjà appliqué un remède efficace et que personne ne saurait dédaigner. (*Très bien ! Très bien !*)

Quand je m'adresse à mes adversaires — et je regrette de n'en pas rencontrer ici aujourd'hui — je leur demande : « Quel remède proposez-« vous à la situation actuelle de l'agriculture ? vous reconnaissez ses « souffrances ; tous les documents officiels les établissent. Eh bien, que « proposez-vous ? »

Y a-t-il quelqu'un qui oserait en ce moment contester la situation absolument désastreuse de l'agriculture ? Y a-t-il quelqu'un qui puisse soutenir que tous nos départements ne souffrent pas de cette détresse ? Tous les receveurs d'enregistrement de nos campagnes ne sont-ils pas là pour établir que nos fermages ne sont pas en voie de diminution sérieuse ? Est-il quelqu'un qui puisse nier qu'il existe des fermes qui ne sont pas louées, qui ne rapportent plus rien, dont les terres sont menacées de retourner à la friche, bien qu'elles soient situées dans des contrées où la culture était autrefois prospère et florissante ? Non, personne n'oserait et ne pourrait élever la moindre contestation sur ces faits ; aujourd'hui, les souffrances de l'agriculture sont réelles, plausibles ; et elles sont connues de tous.

Et alors, comme vous êtes obligés de reconnaître cette situation, vous économistes, vous ne trouvez qu'un remède, et il est enfantin : c'est de laisser entrer sans droits, sans charges, tous les produits de l'industrie et de l'agriculture. Oh ! laisser entrer *librement* tous ces produits sans aucuns droits, cela est bientôt dit : mais je vous le demande, chers économistes, est-ce que l'agriculteur, que sa récolte soit bonne ou mauvaise, est libre, lui, d'acquitter ou de ne pas acquitter ses contributions et ses impôts de toutes sortes ? Dites-moi pourquoi vous trouvez bon que ce compatriote paye 5 francs par quintal de blé, quand l'étranger ne payera rien ? Expliquez-moi, je vous en prie, la justice et la loyauté de cette mesure ?

Quand on est à Paris, dans son cabinet de professeur d'économie politique ou dans la salle de rédaction d'un journal, on peut regarder de très haut et avec dédain ces agriculteurs qui, selon vous, ne s'occupent pas suffisamment de leur affaire ! Ce ne sont pas des gens intelligents, dites-vous ; ils sont routiniers, ils sont d'un siècle en arrière ; ils ne connaissent ni la chimie, ni la physique, ni la mécanique, ni l'application des nouveaux procédés, des nouveaux engrais ; ils ne savent pas distinguer s'il faut sur leurs terres des phosphates, ou des superphosphates, du plâtre, de la chaux, des engrais chimiques perfectionnés ou non.

Ils ignorent l'emploi de tous les amendements et de toutes les machines inventées par l'industrie moderne. En un mot, ils sont très coupables et c'est leur faute s'ils ne récoltent pas beaucoup plus par hectare, s'ils n'ont pas de bons rendements, s'ils ne peuvent pas vendre à bon compte. Qu'ils commencent par faire de bonnes études, par bien apprendre leur métier ; et, alors, quand ils sauront se servir des nouveaux procédés scientifiques, ils obtiendront de bons résultats, ils établiront à bas prix tous leurs produits !... Voilà les raisonnements des économistes.

Eh bien ! j'arrive précisément ici, messieurs, à un point extrêmement grave de ma discussion. Oui, je trouve que l'agriculteur doit chercher à réaliser le plus grand nombre de progrès possible ; oui, je suis convaincu que ceux de nos agriculteurs qui ont envoyé leur fils, depuis vingt ou trente ans dans nos écoles agricoles, qui leur ont fait apprendre sérieusement leur métier, qui les ont initiés aux secrets de la chimie agricole et ont cherché à les rendre capables d'exploiter convenablement et scientifiquement leur ferme, s'en sont bien trouvés et n'ont eu qu'à se louer de leur manière de procéder. Mais quand j'entends parler chaque jour les agriculteurs du pays que j'habite, je leur entends dire que si la science pure est indubitablement une excellente chose, il faut aussi apprendre par la pratique à l'appliquer ; car il est toujours bon, tout en adoptant les théories et les découvertes nouvelles, de chercher aussi à connaître les anciennes traditions de culture et d'étudier les anciens procédés. (*Très bien ! Très bien!*)

Si, dans celles de nos campagnes, où l'agriculture est avancée, on arrive à faire des cultures extrêmement remarquables, ce n'est pas toujours par l'application des procédés de la science pure ; la pratique ancienne entre aussi pour sa part dans ces heureux résultats ; et une bonne pratique est encore ce qu'il y a de meilleur, lorsque les données de la science viennent s'y ajouter. (*Vifs applaudissements.*)

Mais, quand messieurs les économistes ne voient de remède que dans les progrès et les perfectionnements qu'ils indiquent, j'examine les faits autour de moi ; et j'avoue que je ne connais aucun pays du monde où les procédés perfectionnés de la culture intensive aient été plus intelligemment et mieux appliqués qu'en France. Mais où donc trouveriez-vous une agriculture plus rationnelle et plus avancée, où trouveriez-vous des ap-

appareils et des machines d'un meilleur système pour la culture, le fau-
chage, le battage, le fanage et le labourage que ceux employés dans nos
fermes? En quel pays cultive-t-on mieux qu'en France ? — Ce n'est certes pas en Allemagne, sauf dans quelques contrées qui produisent la
betterave et qui sont les mieux cultivées du monde. — On y a fait de
grands progrès depuis quelques années, cela est vrai ! Mais il y a encore
de vastes espaces de terrains qui y sont cultivés d'une manière déplorable et inintelligente.

Ce n'est pas non plus en Autriche, ni en Italie, ni en Russie, je suppose ; ces
dernières contrées marchent d'un siècle en arrière de la France ! Où donc?

Ah ! de l'autre côté de la Manche, il y a l'Angleterre ! Ce pays a fait de
grands progrès en agriculture ; les cultivateurs anglais y ont été pous-
sés par la pression qu'a exercée sur eux le voisinage de la grande industrie, je le reconnais. Mais voyons quels ont été les résultats de ces
progrès, pour la propriété rurale.

En 1844, Robert Peel et Richard Cobden, attachés tous deux par leurs
intérêts aux grands centres cotonniers du Lancashire, ont uni leurs
efforts pour sauver l'industrie cotonnière anglaise aux dépens de l'agriculture. Celle-ci a eu beau réclamer et prouver qu'on la sacrifiait, on lui
a répondu : « Il nous faut donner la nourriture à bon marché, car nous
« n'avons que ce moyen d'abaisser les salaires, et de lutter ensuite
« contre tous les pays manufacturiers du monde. » Depuis cette époque,
l'agriculture anglaise a cherché à lutter contre les difficultés que la liberté commerciale lui créait, les propriétaires ont secondé, de leur
mieux, les efforts faits par les tenanciers ; ils ont tenté des améliora-
tions de toutes natures ; ils ont drainé leurs champs, employé les outils
et les machines les plus perfectionnés ; ils ont fait, en un mot, des
efforts immenses pour aider leurs fermiers !

Eh bien ! où en sont-ils arrivés, avec leurs cultures intensives, avec
leurs herbages et leurs pâturages ? Je vais vous le dire : *Ils sont absolument ruinés.*

Chaque jour, j'entends qu'on vous donne le conseil de faire des herbages permanents ; car, des conseils, on vous en donne fréquemment ;
les donneurs de conseils ne vous manquent pas, vous en rencontrez de
tous les côtés ! (*Rires.*) Ils vous disent : « Vous ne pouvez plus cultiver
les céréales ? — Eh bien, faites autre chose, cessez les emblavures, faites
des herbages ! » Vous savez pourtant bien, et pratiquement, que vous ne
pouvez en faire partout où vous voudriez ! (*Très bien! Très bien !*)— Oui,
nous savons comment se font les herbages ; nous savons que leur création coûte fort cher ; nous savons qu'il y a des terres qui ne se prêtent
pas à un tel assolement, que le soleil d'été sur certaines terres brûlera
nos herbes et que nos bestiaux en seront réduits à manger la terre elle-
même si on ne leur apporte pas des fourrages récoltés ailleurs. (*Bravos
et vifs applaudissements.*) Il n'y a que des gens qui ne connaissent ni la vie,

ni les travaux des champs, qui puissent soutenir de pareilles théories ! (*Nouvelle et vive approbations.*)

Eh bien, l'Angleterre, qui possède un sol plus humide et un climat plus égal que celui de notre pays, a fait des herbages ; elle en a couvert la moitié de son territoire, et ils augmentent encore chaque année en étendue. Mais voici comment : partout où les fermiers abandonnent la culture, la terre devient une friche, et on appelle cela un herbage, un pâcage ; on y nourrit peut-être quelques moutons par hectare, et c'est tout.

Mais en admettant même que nous puissions faire comme les Anglais, créer des herbages, augmenter leur étendue au détriment de la culture des céréales, en admettant cela, nous avons à examiner où en est actuellement l'agriculture de l'Angleterre avec ses herbages permanents.

Or, les Anglais en sont arrivés à cette conviction qu'il était grand temps de s'arrêter dans la création des herbages, attendu que tous les travaux qui ont été entrepris dans ce sens, depuis plusieurs années, n'ont produit que des résultats négatifs. La Société royale d'agriculture anglaise, qui donne elle aussi des conseils à son agriculture, comme nous cherchons, nous, à en donner à la nôtre, la Société royale vient de jeter le cri d'alarme en invitant les cultivateurs à maintenir, dans une juste mesure, la culture des céréales. Voilà ce que l'on dit en ce moment en Angleterre ; et il y a eu, à ce point de vue, une sérieuse transformation dans les idées des propriétaires fermiers, petits ou grands ! (*Approbation.*)

Voici la statistique anglaise pour 1884.

L'acre anglaise, qui figure dans les chiffres que je vais vous indiquer, représente 0,40 ares ; il y a donc 2 acres anglaises et demi à l'hectare.

Eh bien ! Il y avait en Angleterre

	En **1884.**	En **1870.**	Augmentation.	Perte.
	acres	acres	acres	acres
Blé, froment	2.750.588	3.773.663	—	1.023.075
Orge	2.346.041	2.623.752	—	277 711
Avoine.	4.276.866	4.424.536	—	147.670
Seigle	54.234	74.527	—	20.293
Fèves.	454.839	539.968	—	85.129
Pois	230.696	318.607	—	87.911
Total céréales et légumes. .	10.113 264	11.755.053		1.641.789
Pommes de terre.	1.373.835	1.639.296	—	265.461
Récolte fourrages excepté trè-			—	107.814
fles et foins..	3.360.025	3.467.839		
Trèfles et foins de rotation . .	6.392.402	6.320.126	72.276	—
Lins	91.444	218.870	—	127.426
Houblons	69.259	60.597	8.662	—
Fiches et landes.	773.542	630.294	143.248	—
Pâturages permanents.	25.667.206	22.085.295	3.581.911	—
	47.840.977	46.177.370	3.806.097	2.142.490
		1.663.607		1.663.607
Balance		47.840.977	Balance . .	3.806.097

La défaveur où se trouve la culture des céréales en Angleterre est frappante, d'après ce tableau. La diminution est constante depuis 1870 jusqu'en 1884 ; et rien ne peut faire prévoir qu'il n'en soit pas de même pour les années 1885 et suivantes ; on abandonne de plus en plus les emblavures, pour les laisser en friche, ce qui grossit chaque année le chiffre des pâturages permanents, puisque l'on comprend sous ce nom les terres arables que l'on ne cultive plus.

Vous savez que l'on consomme singulièrement, en Angleterre, de la pomme de terre : tout le monde en mange. Eh bien, malgré cela, malgré le prix passable où ce produit se vend encore, l'Angleterre a dû réduire ses ensemencements de pommes de terre ; elle a perdu 265.000 acres.

Pour les luzernes, pour les trèfles, il n'y a qu'une légère augmentation. Pour les lins, dont elle faisait 219.000 acres en 1870, elle n'en fait plus que 91.000 aujourd'hui.

Il en est de même pour les chanvres.

L'agriculture anglaise a donc perdu des sommes considérables qui auraient dû être remplacées, pour le cultivateur, par d'autres produits ; car sans cela je ne vois pas ce qui serait resté aux fermiers anglais. Je vais vous dire, tout à l'heure, ce qui a remplacé les cultures abandonnées. Mais enfin, voilà l'agriculture anglaise qui a perdu une grande partie de la production de ses céréales ; les Sociétés agricoles s'en sont émues ; elles ont signalé le danger aux agriculteurs qui s'arrêtent aujourd'hui dans la création de nouveaux herbages.

Elles ne leur disent pas : « Ne faites plus d'herbages ! » Mais elles les avertissent qu'on en a beaucoup fait, que le stock de bétail n'a point augmenté, malgré cette transformation des terres arables en prairies permanentes, et que, par suite, le fermier n'obtient pas la compensation des pertes qu'il fait en abandonnant les céréales. Les fermiers reconnaissent maintenant qu'on produit souvent autant de bétail sur une bonne terre arable que sur des herbages ; et les sociétés agricoles anglaises concluent en répétant : « Il est indispensable de s'arrêter dans le développement des herbages qui nourrissent moins de bétail que les bonnes terres labourées. » Voici, à ce point de vue, le compte qui a été fait par la statistique anglaise.

L'Angleterre possédait, en 1870, 9.500.000 têtes de gros bétail ; elle en a aujourd'hui 10.500.000, elle en a donc gagné un million. Quant aux moutons, elle en avait 38.000.000, elle n'en a plus aujourd'hui que 29.000.000 ; il y a donc là une perte de 9.000.000 sur les moutons. Les porcs sont restés à peu près dans la même situation.

Eh bien, je vous demande si la production de la viande repose uniquement sur la production du gros bétail, si 9 millions de moutons perdus, grâce au procédé employé par les Anglais, ne représentent pas une somme à peu près équivalente à celle que peut valoir un million de têtes de gros bétail. Cela donne une proportion de 9 têtes pour une ; il n'y a là rien d'exagéré ; et je crois que le gain d'un côté compense, aussi exactement que possible, la perte de l'autre.

Ces renseignements, messieurs, je ne les ai pas inventés pour vous les livrer ; il s'agit d'une question trop grave pour ne pas s'appuyer sur des documents authentiques et officiels.

L'agriculture anglaise espérait produire assez de bétail pour l'alimentation du pays, mais elle n'a pu atteindre ce but : aussi l'importation du bétail des États-Unis, du Canada, et de toutes les parties du monde, augmente tous les jours dans des proportions considérables. Ainsi, en 1883, il est entré en Angleterre 467.000 bêtes à corne, représentant une valeur de 230 millions de francs.

Sur ces 467.000 bêtes, il y en avait 218.000 venant des États-Unis et du Canada, c'est-à-dire environ la moitié de l'importation arrivant par la navigation de ces deux pays. En outre il y a encore pour 50.000.000 francs de moutons. Ces moutons passent l'Atlantique comme les bœufs et on est certain, à l'heure actuelle, que le monde entier peut demander du bétail aux États-Unis. La question du transport transatlantique est résolue.

Mais ce n'est pas tout, et voici un point sur lequel j'appelle vivement l'attention de la Commission et de l'assemblée : — il faut encore tenir compte de l'importation des viandes mortes ; car, si elles n'entrent pas encore dans notre pays, elles ne tarderont pas à y arriver. (*Très bien ! Applaudissements.*)

Voulez-vous savoir ce qu'il entre de ces viandes mortes en Angleterre ?

Il entre, chez nos voisins, pour 400 millions de viandes fraîches ou salées, pour 16 millions de livres sterling. (*Mouvement.*) Par conséquent, les Anglais ont reçu pour 230 millions de bêtes vivantes, ainsi que je le disais plus haut, et pour 400 millions de bêtes mortes. Total : 630 millions en une année.

Quand on dit qu'il n'y a pas lieu de s'occuper des bêtes mortes, que leur transport, que leur conservation n'est pas facile en été... etc... je réponds : « C'est là une erreur ! » Avec les progrès qui ont été réalisés par l'industrie moderne et par la science, dans les moyens de transport et de conservation, il n'y a rien de plus aisé. Les bêtes mortes qui arrivent ainsi sur les marchés anglais s'y vendent dans l'état le plus frais et le plus sain, comme si l'animal avait été tué la veille, pour être livré le lendemain à la consommation. Vous avez donc grand intérêt à empêcher qu'il ne se produise en France ce qui se passe en Angleterre pour les viandes abattues ; autrement, vous seriez inondés de ces produits dont l'écoulement, je le répète, est facile et doublement avantageux. Remarquez, en effet, que le transport de ce bétail mort est facile, il n'est pas besoin de le nourrir en voyage ; il ne meurt pas en route puisqu'il est déjà mort avant de venir. (*Rires. Très bien !*) De plus, on peut, sans inconvénient, en entasser des montagnes dans des navires qui, en un seul voyage, en transportent, à la fois 2, 3, 4 millions de kilos.

Le transport se trouve donc plus simple, plus économique pour les bêtes mortes que pour les bêtes vivantes ; et quoique cette importation soit peu importante en France, il ne faut pas oublier qu'il en est arrivé des quantités énormes, chez nos voisins les Anglais, et que, demain, ces importations peuvent avoir lieu chez nous. (*Très bien ! Très bien !*) Vous voyez, messieurs, la nécessité qu'il y a d'obtenir un droit sur les viandes, sur les bêtes mortes, à l'importation.

Et maintenant je reviens à l'agriculture anglaise. Je vous prie de m'excuser si j'y insiste trop longuement peut-être. (*Non ! Non !*) Mais je ne crois pas pouvoir mieux faire que de prendre pour point de comparaison la plus grande et la plus belle agriculture du monde. (*Très bien ! Bravo ! Parlez ! Parlez !*) Eh bien, cette grande agriculture est, à l'heure actuelle, dans la plus désolante détresse.

J'ai parcouru l'Angleterre trois fois cette année ; de tous côtés j'ai entendu les plaintes les plus amères. Les fermiers m'ont dit : « Nous tra- « vaillons pour le propriétaire, et il nous nourrit. Malgré notre agricul- « ture perfectionnée, malgré notre culture intensive, malgré nos herba- « ges, nous ne consentirions pas à cultiver ni à exploiter la terre pour « notre compte personnel : il nous faut la garantie du propriétaire. » La situation des fermiers anglais est telle que je vous la dépeins, — et cela n'a rien d'étonnant ; jusqu'en 1847, l'Angleterre produisait à peu près en blé ce qui était nécessaire à sa consommation ; c'est à partir de cette époque que les emblavures ont diminué dans de fortes proportions, et que les importations sont venues combler le déficit dans la production des céréales : aujourd'hui il entre en Angleterre 50, 52, 55 millions d'hectolitres de blé venant de tous les pays du monde, mais surtout des États-Unis, des Indes orientales, de l'Australie. Ces importations représentant une valeur qui s'est chiffrée par une somme de 1.138 millions de francs en céréales, c'est autant de moins que le fermier reçoit dans sa caise Croyez-vous qu'une telle situation ne soit pas de nature à faire réfléchir un pays comme celui-là, qui voit la valeur du sol diminuer progressivement et chaque jour ? Vous pouvez lire vous-mêmes, tous les jours, en tête des journaux anglais, ce titre en grosses lettres : *Land depression.* — Avilissement, bas prix de la terre. *Farmer's predicament.* — Plaintes des fermiers sur leur situation !

Voilà donc les beaux résultats auxquels sont arrivées les applications les plus larges de la doctrine libre-échangiste. Et, dans ce pays, on ne peut pas dire qu'il y ait des obstacles, on ne peut pas dire qu'il y ait une gêne provenant d'une différence de traitement entre l'industrie et l'agriculture. Non, industriels, et agriculteurs, tout le monde fait ce qu'il veut et ce qu'il peut : la liberté est complète ! — et la misère aussi ! (*Bravo ! Bravo !*) Ces résultats ont été obtenus en 40 années : les cultivateurs ont été forcés, peu à peu, de déserter les campagnes ; ceux qui y sont restés se trouvent dans la plus profonde détresse ; ceux qui sont allés dans les villes y meurent de faim, faute d'emploi et de travail ! Dans aucun pays civilisé la misère n'est aussi étendue que dans la Grande-Bretagne ! Et l'Angleterre jouit du libre-échange absolu ! Et avec lui, avec toutes les commodités à bon marché, la plus vive détresse a envahi toutes les provinces du Nord au Sud.

Les commerçants en blé, les négociants de Londres, et ils ne sont que quelques centaines, s'applaudissent seuls des immenses affaires qui font leur fortune. Sur 36.000.000 d'habitants, il n'y a plus que 5 ou 6.000.000 d'hommes qui habitent les campagnes ; les autres se sont réfugiés à Londres, dans les usines, dans les grandes villes, où, avec le pain à vil prix, ils meurent de faim.

Ces travailleurs des champs sont venus faire concurrence aux ouvriers industriels pour la main-d'œuvre ; de là une baisse continue et permanente dans les salaires.

Nous devons tirer un enseignement de ces faits si nous ne voulons pas précipiter, comme cela ne s'est malheureusement que trop produit déjà, les ouvriers de nos campagnes vers Paris et vers nos grands centres où ils ne trouveront pas de vrais moyens d'existence ; il faut lutter, messieurs, contre la dépopulation de nos campagnes qui n'est et ne sera que le résultat de la détresse de nos champs.

Voyez ce qui se passe ici, messieurs. On ne peut pas dire assurément, que le blé ne soit pas bon marché ! Eh bien, j'ai cherché à quelle époque il était descendu aussi bas. Je n'ai pas pu trouver ce renseignement dans les mercuriales françaises, parce que nous avons — et c'est fort regrettable — beaucoup de lacunes dans les documents français ; mais je l'ai trouvé dans les mercuriales anglaises, qui se publient tous les mois régulièrement, depuis 200 ans.

Il faut remonter à 1780, c'est-à-dire à 104 ans de distance, pour rencontrer les prix d'aujourd'hui... et encore je parle du prix d'il y a trois semaines, car aujourd'hui, 20 novembre, il faudrait compter encore 2 francs de moins par hectolitre.

Et, messieurs, à cette époque, les plaintes de l'agriculture étaient très vives, quoique la main-d'œuvre fût de moitié moins élevée et les contributions d'un dixième seulement.

La création des herbages, l'application des procédés nouveaux, l'emploi des instruments perfectionnés, tout cela n'a pas sauvé l'Angleterre de la terrible situation dans laquelle elle se débat ; *et cela ne vous sauvera pas davantage ! (Très bien ! Très bien !)* Vous êtes en présence d'une véritable révolution économique et maritime ; et c'est à d'autres moyens qu'il faut avoir recours. La France doit bien prendre en considération ce fait : c'est que la production du sol du pays est la sauvegarde de son indépendance nationale ; quand on est, comme nous, une puissance continentale, exposée à de grands et continuels dangers de la part de nos redoutables voisins, il faut prévoir une éventualité qui ne s'est pas encore réalisée, mais qui peut se produire un jour. Or, songez à ce qui se passerait, si vous étiez en guerre avec notre puissant adversaire, avec notre voisin de l'Est, et que, de l'autre côté, vous soyez bloqués dans vos ports par l'Angleterre, dont la flotte, à elle seule, soit marchande, soit militaire, est plus puissante que celle du monde entier, et pourrait empêcher les convois de blé et de céréales d'arriver jusqu'à nos entrepôts. Si une telle occurrence se présentait, que deviendriez-vous ? Ne croyez-vous pas qu'il vaudrait mieux avoir fait, pendant quelques années, les sacrifices nécessaires pour soutenir cette grande agriculture française dont les produits nourrissent le peuple qui vit sur son territoire et de son travail ? (*Salve d'applaudissements.*) — Ne croyez-vous pas qu'il vaudrait mieux avoir chez nous nos approvisionnements pour nos concitoyens et nos soldats, que de posséder de grandes et belles forteresses où nos braves soldats devraient mourir de faim ? — C'est pour cela que je proclame qu'il faut prendre des moyens énergiques afin de protéger notre agriculture ! Sa prospérité garantit, à elle seule, plus sûrement, notre indépendance, que les plus nombreux et les plus braves bataillons. Pour cela je ne demande qu'une chose, une seule chose que l'État ne peut lui refuser : la compensation des charges qu'elle supporte, la compensation de tous les impôts qu'elle paye chaque jour.

Ceci m'amène à examiner avec vous pour quels motifs la gêne a grandi si vite dans notre pauvre patrie.

Je ne fais pas de politique, messieurs, mais j'ai bien le droit de rappeler ce qui se passait il y a quinze ans. Il y a quinze ans, le budget de la France, ne s'élevait pas en tout, avec les dépenses extraordinaires et les centimes départementaux, à la somme ronde de 1.900 millions. Dans l'intervalle qui s'est écoulé depuis cette époque, nous avons éprouvé de grands malheurs : ces malheurs nous ont entraîné dans des dépenses énormes, tant pour le payement de l'indemnité aux Allemands, que pour la construction de forteresses, la réorganisation de l'armée et les frais de guerre : une somme de 600 millions de rente a dû être ajoutée, d'un seul coup, à nos anciens budgets. Ces 600 millions, joints aux dix-neuf cents millions de charge en chiffres ronds, qui existaient déjà, avant la guerre, ont porté nos budgets à 2.500.000.000 francs.

Le pays a courageusement, bravement, et sans murmurer, supporté ces nouvelles charges ; il s'est mis au travail et a pratiqué ses économies ordinaires. Il a vécu, pendant plusieurs années, sans se plaindre, sur les recettes du budget. Mais depuis ce temps-là, les 2.500.000.000 francs sont devenus 4 milliards. Après 1872, époque à laquelle j'avais l'honneur d'être ministre des finances, les dépenses ont augmenté de 1.400 à 1.500 millions par an. Or, qui paye cette monstrueuse augmentation de dépenses? C'est nous, c'est l'industrie, c'est vous, vous tous qui travaillez les champs. (*Vive émotion*.) Voulez-vous savoir ce qui s'est passé dans nos communes ? Le budget départemental, qui était en ce temps-là de 228 millions, est aujourd'hui de 456 millions, c'est-à-dire qu'il a absolument doublé ; cet excédent, ce sont les communes qui le payent sous forme de centimes additionnels. (*Très bien! Très bien!*) Quant aux 75 millions de prestations, ils sont augmentés de 25 millions depuis cette époque.

Et les octrois! Oh! oui, parlons des octrois qui frappent de droits énormes tous les produits que vous portez dans les villes! On vous refuse de prendre un droit de 50 francs sur les bœufs italiens, de prendre un droit de 5 francs sur les moutons allemands ; mais la ville de Paris perçoit 55 francs sur les bœufs français et 6 francs sur les moutons français ! On ne craint pas à Paris d'élever le prix de la viande, mais on conteste les droits que nous voulons prélever aux frontières sur les produits italiens ou allemands, droits que nous avons, nous, payés sur les produits français.

A l'heure où je parle, chaque habitant de Paris et de nos grandes villes de province acquitte 72 francs par tête, y compris l'enfant qui vient de naître et celui qui est à la mamelle; c'est plus de 300 francs par an pour chaque chef de famille sans y comprendre tous les impôts directs et indirects qu'il acquitte envers l'État et qui s'élèvent au moins à la même somme. — Et on se demande comment il se fait que « cette population parisienne souffre » ?

Car elle souffre ! Un grand nombre des habitants de Paris sont sans travail ! Et vous êtes obligés de venir à leur secours par la charité et la bienfaisance puisque vous les avez privés de travail en ruinant les campagnes, qui sont leurs principaux clients ? (*Très bien! Très bien!*)

Je le répète, un homme avec quatre ou cinq enfants est obligé de verser par an à l'octroi, en sus des autres impôts, plus de 300 francs par an, c'est-à-dire presque l'équivalent du loyer qu'il aurait à payer dans nos villes et nos campagnes.

Le produit des octrois qui était pour toute la France en 1868 de 110 millions environ, est aujourd'hui de 275 millions. Ce sont les dépenses exagérées, le gaspillage des fonds publics qui ont amené la gêne, dans les populations qui acquittent de telles sommes. Or, il y a des villes qui viennent vous dire : « Ne mettez pas un droit de 5 francs sur les blés ! » Mais elles ne se privent pas de mettre des droits d'octroi à leurs barrières, sur les vins, les viandes, les volailles, en un mot sur toutes les consommations qui pénètrent sur leur territoire. La ville de Paris, par exemple, je le répète, fait payer 55 francs par tête de bœuf qui passe par ses portes; tous les produits que vous faites sont ainsi frappés de droits énormes ; mais on se garde bien de frapper l'étranger. On trouve très simple de frapper le producteur français, mais on est poli pour le producteur étranger et on l'invite à entrer chez nous sans rien payer. Quelle flagrante inégalité ! Quelle monstrueuse injustice ! (*Mouvement.*)

Au producteur français seul, toutes les charges ! mais, quand il s'agit de l'étranger, on s'écrie ! « Laissez passer, laissez passer ! » (*Bravos et applaudissements répétés.*)

Je pourrais, messieurs, faire devant vous, comme je l'ai fait dans d'autres circonstances, le relevé de toutes les charges qui vous accablent ; veuillez seulement, jeter les yeux sur le discours que j'ai prononcé, dernièrement, à Dourdan, vous les y trouverez détaillées. Les documents dont je me suis servi, je les ai pris dans une étude des plus consciencieuses qui aient jamais passé par nos mains. Ce travail, qui a été publié par un de nos collègues, M. Trésor de la Roque, est aussi modéré que consciencieux.

En effet, dans la fixation du chiffre de 956 millions, représentant le total des charges que supporte l'agriculteur français, il n'attribue à l'agriculture, en ce qui touche les contributions indirectes, qu'une proportion égale à son revenu, soit 250. millions environ, soit 7 fr. 76 p. 100 de son revenu. Selon moi, c'est le chiffre de la population agricole qui aurait dû être pris pour base, pour établir cette charge, qui serait devenue alors bien supérieure à 250 millions. Mais j'accepte son chiffre, ne voulant pas porter la main sur une œuvre aussi complète, aussi sérieuse et aussi bien faite. Je voudrais que ce travail fût lu par tous les agriculteurs de France ; ils y verraient comment on dispose de leur argent. Ces 956 millions, que vous payez annuellement, représentent 34 0/0 du revenu estimé par l'administration des finances, et publié dans un document officiel. Cette estimation administrative de la terre, de la propriété non bâtie, nous pourrions l'examiner. Le document officiel porte que la valeur territoriale française, en dehors de la propriété bâtie, représente en capital 91 milliards, et que son revenu est de 2.645.000.000 francs. Eh bien, je n'aurai pas besoin d'aller bien loin pour me renseigner sur l'exactitude actuelle de cette évaluation. Croyez-vous que, depuis 1879, époque où l'enquête a été faite, il n'y a pas aujourd'hui, 20,25,30 0/0 de réduction sur la valeur des terres et les prix de fermage pour la plupart de nos départements, et quelquefois davantage ? Pour ne pas tomber dans l'exagération, il faut compter au moins 20 à 25 0/0. (*Oui ! Oui ! Très bien !*) Or, si de 91 milliards, vous retirez 20 0/0, ce 20 0/0 représente 18 milliards, c'est le chiffre que fixait hier notre honorable président, avec sa sagesse et sa modération habituelles. Ainsi, depuis cinq ans, la France a perdu 18 milliards sur le capital agricole évalué par l'administration des finances, et son budget a augmenté de 1.500.000.000 par an !

Quant au revenu de la propriété, il s'est abaissé dans la même proportion.

Les fermages ont subi 20 à 25 0/0 de réduction ; non seulement les fermiers ont demandé des concessions aux propriétaires, parce qu'ils vendaient mal leurs produits ; mais les cultivateurs, qui travaillaient pour leurs propriétaires, ont subi les conséquences de cet état de souffrance général, et n'ont pas obtenu de meilleurs résultats. Si vous appliquez ces bases au revenu net et à la valeur territoriale, vous retrouvez les chiffres qui avaient été établis par l'enquête agricole de 1851.

Or je crois qu'il y a peu de propriétaires en France qui ne s'estimeraient heureux de vendre leur sol aussi facilement et au même prix qu'en 1851, d'autant qu'à cette époque ils trouvaient des acquéreurs dès qu'ils mettaient leurs propriétés en vente. A cette époque, en 1851, la valeur vénale du sol non bâti avait été établie au chiffre de 63.700.000.000 et son revenu à 1.905.000.000 francs. Tout cela se résume par une perte de 740.000.000 de revenu pour le pays. Ajoutez à cela que les impôts vont toujours en augmentant ; que chaque année on vous demande de nouveaux subsides ; que, cette année même, le budget, dans sa totalité, va s'élever avec les octrois, prestations, dépenses diverses à 4.250.000.000 francs ; qu'il faudra ajouter à ces chiffres tout ce qui sera nécessaire pour payer les expéditions du Tonkin, de Madagascar, de la Chine, etc., etc., soit plus de 100.000.000. La totalité des charges du pays, si on ne dissimule rien, atteindra 4.500.000.000. C'est monstrueux ! c'est colossal ! Mais où donc veut-on nous conduire ? Le monde entier sait bien que toutes ces expéditions lointaines ne profiteront qu'à l'Allemagne et à l'Angleterre !

Car vous ne trouverez même pas un Français pour exploiter le vain résultat de ces conquêtes ; et nous reviendrons de ces pays lointains, sans y avoir planté notre drapeau, sans y avoir créé une colonie, sans y avoir établi un comptoir ! Qu'avez-vous donc voulu faire ? Vous avez simplement dépensé des centaines de millions et fait couler en pure perte le sang de nos soldats ! (*Mouvement prolongé d'approbation.*) Je dis que, dans ces conditions, le budget des dépenses de 1885, étant de 4 milliards et demi, les impôts restant les mêmes et représentant précisément la moitié de la valeur locative de nos terres en 1851, se trouve naturellement augmenté par les dépréciations et l'avilissement de la valeur du sol.

Et alors, je le répète, où va-t-on, où veut-on conduire le pays, avec ces dépenses insensées ? Comment peut-on songer à prendre, chaque année, sur les ressources, sur le capital des contribuables, cette somme colossale de 4 milliards et demi, quand, il y a plusieurs années, ce pays, avec 2.500.000.000 francs, a trouvé moyen de vivre, de relever ses forteresses, de rétablir la fortune publique, et de créer des excédents de recettes ? Quels sont donc les hommes qui nous mènent ? Où a passé tout cet argent que payent l'agriculture, l'industrie et tous les contribuables ?

De ces dépenses, quel bien-être est-il résulté pour la population ouvrière ? Nous la voyons à Paris sans travail ; dans le Nord, sans travail ; à Lyon, sans travail, au milieu d'ateliers nationaux qui ne produisent rien et qui ne donnent pas même aux ouvriers le pain pour les nourrir ! — N'est-il pas temps de mettre un terme à ces gaspillages, à ces dépenses insensées dont il ne résulte ni grandeur ni profit ? N'est-il pas temps de dire à nos représentants : « Regardez autour de vous ; diminuez les impôts ; arrêtez toutes ces dépenses improductives. faites des chemins ordinaires, mais pas de grandes routes coûteuses, pas de chemins de fer à 400.000 fr. le kilomètre, là où un simple sentier suffirait pour desservir une exploitation agricole ; gardez cet argent, il appartient à la nation ; vous n'avez qu'un droit, c'est de le dépenser d'une manière productive pour tous ! » — Oui, il est indispensable que l'agriculteur réagisse ; qu'il se serve de son bulletin de vote ; qu'il ne nomme que des hommes décidés à défendre ses intérêts et son budget, et à lui refaire une situation prospère ! (*Applaudissements répétés.*)

En attendant, que devons-nous faire ? — Il nous faut demander franchement, loyalement, la somme nécessaire pour compenser toutes les charges qui pèsent sur nous. Votre commission vient de vous dire qu'elle n'avait encore fixé qu'un seul chiffre, celui de 5 francs par quintal de blé, et le chiffre de 9 francs pour les farines de froment. Ces chiffres, je les trouve suffisants, je ne demande pas qu'ils soient plus élevés ; je les regarde comme modérés ; mais ils représentent à peine ce que le cultivateur français paye à l'Etat pour le quintal qu'il récolte. A côté de cela, il nous faudra demander 3 francs pour les avoines, les seigles, les maïs qu'on importe chez nous en quantités considérables. C'est ce que vous payez vous-mêmes. Or, si le maïs n'entre pas dans la composition du pain, il entre dans la nourriture des bestiaux, et dans l'alimentation de nos distilleries d'alcool. Pour ces produits, la loi devra maintenir, en faveur des usines qui les transforment en alcool, la situation actuelle, qui résulte des conventions commerciales, c'est-à-dire des traités de commerce. Sans cette précaution, on ruinerait injustement une fabrication des plus intéressantes dont les produits donnent de gros revenus à l'État et dont les résidus contribuent, dans une large mesure, à l'alimentation et à l'engraissement du bétail. Il faut donc réclamer énergiquement l'application d'un droit sur tous les produits étrangers similaires à ceux récoltés par l'agriculture française ; on établira les chiffres avec la statistique de 1882, car je me suis servi de la statistique de 1877, attendu que je n'ai pu trouver celle de 1882. Mais la situation n'a guère changé depuis ; la proportion des emblavures n'a pas varié, pas plus que la production du bétail. Il s'est passé, en France, à peu près ce qui est arrivé en Angleterre : on a perdu en moutons ce qu'on a gagné en têtes de gros bétail.

Il entre aussi une assez sérieuse quantité de méteil : c'est un mélange de blé et de seigle ; il ne faut pas que le méteil paye autant que le blé, mais quelque chose d'approchamt ; à 1 franc près, la taxe doit être la même : ce sera donc 4 francs pour le méteil. Pour le seigle, il en entre 26 millions d'hectolitres — je ne sais pas dans quelle catégorie on le classera, mais j'aurais voulu lui voir attribuer 3 francs par 100 kilos, parce que c'est la petite agriculture qui le produit, et que c'est elle surtout qu'il faut protéger ; d'ailleurs l'agriculteur français paye à l'Etat 3 francs sur son produit. On nous a souvent dit qu'il ne fallait pas augmenter le prix du blé à cause de cette petite agriculture, — mais elle consomme elle-même le blé et le seigle qu'elle produit ; aussi le droit que vous voterez n'augmentera pas sa vie d'un centime. (*C'est vrai! Très bien!*)

Nous mettrons donc 3 francs sur les seigles étrangers ; sur les orges 3 francs, sur les avoines 3 francs, sur les maïs 3 francs, sur les sarrasins 2 francs ; si vous ajoutiez à cela un droit sur les colzas et les œillettes, lins, etc... auxquels vous ne sauriez toucher à cause des traités de commerce, vous arriveriez à un total de 746 millions environ ; comme vous en payez 956, il en reste 210 à trouver. — Où les prendra-t-on ? — Sur l'étranger, sur les bestiaux qui viennent de l'étranger.

La France consomme 836 millions de kilos de viande ; sur ce chiffre 136 millions de kilos environ nous arrivent de l'étranger, principalement des États-Unis et de l'Allemagne ; il entre environ 2 millions de moutons allemands sur le marché de la Villette.

Nous avions demandé que le droit par tête de mouton fût de 7 francs, on a réduit ce droit à 2 francs ; pour les bœufs nous voulions 60 francs, la Chambre des députés l'a réduit à 15 francs. Nous demandons que l'on revienne à nos chiffres ; il y a là 210 millions d'impôts que vous payez encore et qui doivent être acquittés aussi par le bétail étranger.

On consomme annuellement 700 millions de kilos de bétail français , or, je vous étonnerai bien en vous disant que vous payez à l'État 30 centimes par kilo sur le bétail abattu, défalcation faite des déchets, car un animal qui pèse 500 kilos ne représente que 300 kilos de viande proprement dite. Par suite, en demandant 60 francs environ par tête de bœuf, non seulement il n'y a pas d'exagération, mais la compensation n'est même pas complète.

Votre commission, dans le travail qu'elle va avoir à faire, aura donc à fixer le taux de 60 francs pour les droits à réclamer par tête de gros bétail, de 7 francs pour les moutons, de 15 francs pour les porcs, de 20 francs pour les viandes fraîches par 100 kilos, 15 francs pour les viandes salées, de 40 francs pour les taureaux et vaches, enfin de 70 francs par cheval.

Comme je le disais hier, il ne faut pas croire que le prix de la viande augmentera en proportion du droit que vous établirez ; ce que devraient chercher les économistes, qui poursuivent la vie à bon marché, c'est la régularisation de l'intervention des intermédiaires. Il en est de la viande comme du pain : voyez la différence qu'il y a entre le prix du blé à la ferme et le prix du pain sur le marché. Qu'on ne dise pas que l'agriculteur vend trop cher son bétail, il le vendrait 20, 50, 100 francs meilleur marché, que cela ne ferait pas baisser d'un centime la taxe de la viande ; en effet, le boucher fixe cette taxe en raison de la ville, du quartier qu'il habite et de la *clientèle qu'il dessert. Le malheureux agriculteur n'en peut mais, et c'est à lui qu'on dit : « Faites donc des efforts pour produire la viande à bon marché ! »

Trouvez le moyen d'empêcher cela, *messieurs les économistes*, et ne demandez pas l'impossible à l'agriculteur, ne le mettez pas dans une situation telle que, malgré les plus grands efforts et la plus grande intelligence, il sera fatalement obligé de suspendre sa production (*Vifs applaudissements)* parce que les intermédiaires prennent, sans rien produire, des bénéfices excessifs qui annulent tous les sacrifices et tous les progrès que fait le producteur. Et le consommateur n'en profitera pas, car cette fausse concurrence, cette liberté commerciale qui devait tout régler théoriquement ne règle rien. Pratiquement c'est le boucher avec ses syndicats qui règle le prix qu'il veut vendre ! Il en est de même pour le pain.

Je le répète, c'est la prospérité de l'agriculture et de l'industrie qui fait la prospérité du pays ; c'est elle qui, en occupant les bras de nos ouvriers dans nos campagnes, les empêche de venir en masse dans nos villes ; c'est elle aussi qui développe le mouvement, l'activité et la prospérité de ces villes. Oui, ce sont les campagnes qui absorbent et consomment les produits de toute nature fabriqués par les villes. Tous les magasins de Paris seraient absolument encombrés, si les campagnes ne venaient pas fréquemment les débarrasser de leurs marchandises. Or, si la campagne est prospère, elle paye bien, les ouvriers parisiens ont du travail, régulièrement, et gagnent de bons salaires ; alors, ils n'ont pas à regarder à quelques centimes de plus ou de moins sur le prix des denrées qu'ils consomment.

Ils ne s'occupent pas beaucoup de savoir si l'exportation marche, si leur patron travaille pour une maison française ou étrangère ; ce qu'ils veulent, c'est du travail, et du travail incessant et bien payé. Il faut assurément maintenir l'exportation, l'encourager et la soutenir, mais ce n'est pas là qu'est le grand commerce de la France. C'est l'intérieur, ce sont nos départements, qui provoquent par leurs demandes l'activité de nos maisons parisiennes et de toutes nos grandes industries.

Parlons, entre autres, de l'industrie des meubles : pour un meuble qui sort de France, il en entre 10 de l'étranger. Je vois venir d'Autriche, chaque semaine, des cargaisons de meubles cannés à destination de Paris ; les quais de la ville de Rouen, que j'habite, en sont couverts ; et tout cela se fait aux dépens des producteurs du pays. Les charges qui pèsent sur les agriculteurs français sont la cause capitale que l'étranger peut fabriquer à bien meilleur marché que Paris. Pour Lyon, il en est de même; Lyon n'a plus de clients dans nos campagnes, et Dieu sait cependant ce que l'industrie lyonnaise écoulait autrefois dans nos provinces, de ses soieries plus ou moins pures. Aujourd'hui, les Suisses et les Allemands nous envoient leurs produits qu'on préfère par suite du bon marché. C'est donc par la prospérité de l'agriculture que nous rétablirons celle du pays, que nous obtiendrons la vraie vie à bon marché.

Quant à vos chemins de fer, ne vous étonnez pas si leurs recettes suivent une progression décroissante ? Comment ! L'industrie souffre, l'agriculture souffre, et vous voudriez admettre que les transports soient abondants ? C'est impossible ! En favorisant la pénétration des produits étrangers sur nos marchés, soit agricoles, soit industriels, les compagnies de chemins de fer détruisent leurs recettes. Elles transportent le produit achevé, fini ; mais elle ne transportent plus toutes les matières nécessaires à sa fabrication. Qu'elles étudient ces questions, et elles reconnaîtront qu'il faut 20 fois le poids du produit fabriqué, en matières premières de toutes sortes, pour le confectionner. Elles perdent donc 20 contre 1, quand elles favorisent le transport des produits fabriqués étrangers ! mais vous, en attendant, vous payez de plus hauts tarifs et les garanties d'intérêts.

La vie à bon marché n'est, en réalité, qu'une chose relative. Étant donné que l'ouvrier mange, en moyenne, une livre de pain par jour, ce qui peut représenter 4 livres, pour une famille, que lui importerait de payer, même 5 centimes de plus par kilo, ce qui n'arrivera pas d'ailleurs, s'il gagnait 1 franc, 2 et même 3 francs de plus par jour, à cause de l'activité des travaux ? Cet ouvrier vivrait dans l'aisance, avec un bon salaire, tandis que, quand le pain est à vil prix, il n'a même pas de quoi le payer parce qu'il n'a pas de travail, et qu'il voit se fermer devant lui la porte des ateliers où on ne peut plus l'occuper.

Je le répète, le blé est à vil prix, le pain en Angleterre est à vil prix, les vêtements à vil prix, cela ne fait pas l'aisance et le bien-être des consommateurs ni des ouvriers. Tant qu'il n'y a pas abondance de travail, tout est cher. Quand l'ouvrier est bien payé, tout est bon marché ! (*Bravos prolongés.*)

Je vais m'empresser de terminer, messieurs, pour que vous puissiez entendre nos autres collègues ; mais avant de finir, je veux résumer cette discussion. Je vous ai dit ce qu'il fallait penser des conseils que l'on vous donne au sujet des herbages et de la culture intensive ; je vous ai montré combien l'application exagérée de ce système a été funeste à l'Angleterre. Je vous ai prouvé que l'agriculture anglaise, en cherchant dans l'augmentation du bétail la compensation de ce qu'elle perdait sur la production des céréales, des lins, des chanvres, etc., s'était trompée de chemin et avait conçu des espérances qui ne se sont jamais réalisées.

(*Très bien! Tres bien!*) Pour les céréales, les Anglais ont perdu, chaque année, 1.300 millions de produits qu'ils ne vendent plus.

Si l'on prend le chiffre total des pertes de l'Angleterre, on voit qu'ayant gagné environ 50 millions de revenu, par le développement de leur bétail, ils ont perdu 1.300 millions sur les produits agricoles. — Ce sont là des chiffres officiels, des résultats basés sur les chiffres du *Board of Trade* et des rapports du bureau d'agriculture. Consultez l'*Économist* anglais de 1884, où ces résultats désastreux sont consignés.— Eh bien, n'engageons pas nos fermiers et nos agriculteurs à marcher trop ardemment dans cette voie ; disons-leur : « Faites ce que vous pourrez pour développer « vos terres par les cultures qui vous sont favorables : sachez changer les « assolements, faites des herbages dans la mesure du possible, là où ils « peuvent être profitables ! Mais que Dieu vous préserve d'en faire jamais « dans la même proportion que l'Angleterre ! » La création exagérée des herbages, c'est l'émigration forcée des populations des campagnes vers les villes. Que voulez-vous, en effet, qu'elles deviennent, ces populations ? Si vous avez de grands espaces en herbe, vous ferez du bétail, vous achèterez des bœufs, vous les mettrez sur la terre : quand ils seront gras, vous les vendrez et tout sera dit, les bêtes mangeront seules et vous n'aurez besoin de presque personne pour les soigner. — C'est là, messieurs, une considération importante et dont il faut tenir grand compte, tant au point de vue agricole, qu'au point de vue national. Oui, je le répète, c'est la dépopulation des campagnes que vous ‘poursuivez, pour atteindre un résultat douteux ou chimérique. (*Bravo! Bravo! Applaudissements.*)

C'est dans l'agriculture française, il ne faut pas l'oublier, que se recrute l'armée française. Quand on fait le compte des soldats que les villes donnent à la patrie, on voit que la ville de Paris, par exemple, réforme 50 p. 100 de ses conscrits ; tandis que dans vos plaines de la Picardie, de l'Artois, de la Beauce, de la Normandie, du Vexin, de la Brie, de la Bretagne, lorsqu'on en a réformé 16 p. 100, on peut envoyer tous nos ‘jeunes gens sous les drapeaux. L'agriculture fournit les 4/5 de notre armée, c'est-à-dire 400.000 hommes pour 100.000 que donnent les villes.

Déclarez donc aux hommes qui *ne veulent pas défendre vos intérêts* : « Vous n'êtes pas dignes d'être Français, car nos intérêts sont ceux de la « patrie ! C'est à l'agriculture que tient l'indépendance nationale, c'est « donc l'agriculture que vous devez défendre et faire prospérer avant « toute autre industrie ! Laissez de côté des préoccupations qui ne « doivent pas être celles d'hommes de cœur et de dévouement; vous êtes « avant tout, chargés de défendre les intérêts de l'agriculture !

« Cette mission est assez grande, assez noble ; efforcez-vous de la remplir ! »

Quand un homme est convaincu que les intérêts qu'il a reçu mission de défendre ne sont plus conformes à ses convictions personnelles, cet homme, s'il est honnête, doit immédiatement résigner son mandat! (*Bravos et applaudissements.*) S'il en est autrement, j'ai le droit de lui dire qu'il ne défend pas les intérêts qu'il est appelé à représenter ; et je crie avec toute mon énergie : « Sortez donc de nos assemblées, si vous « ne voulez pas prendre en main la cause qui vous est confiée... Sortez « de notre Parlement ; car l'agriculture française a le droit de faire enten- « dre sa voix et de s'imposer à la représentation nationale ! » (*Bravo ! Bravo ! Triple salve d'applaudissements.*)

L'orateur, en descendant de la tribune, est entouré par un grand nombre de membres de la réunion et félicité de la manière la plus vive par tous ceux qui peuvent lui toucher la main.

M. Boniface, délégué du Loiret, dit que le point essentiel qu'on n'a peut-être pas suffisamment traité, c'est de trouver et d'utiliser l'élément de fertilisation des terres. L'industrie agricole n'existe pas, ou tout au moins n'existe pas autant qu'elle devrait exister. Comme industries agricoles sérieuses, nous n'avons guère que le sucre et la distillerie.

Si l'industrie agricole accessoire et annexe de la ferme était plus multipliée, elle exercerait une précieuse influence sur le prix de revient de notre blé et de notre bétail.

L'agriculture, en s'associant à l'industrie, en participant aux bénéfices de l'industrie, trouverait là des éléments de prospérité qui ne lui sont pas suffisamment connus.

A ce moment, l'assemblée a été appelée à voter les tarifs des droits proposés par la commission, en ce qui touche les céréales.

Elle a voté les chiffres suivants à une majorité considérable :

« Blé, méteil, épeautre, par quintal : 5 francs au lieu de 0.60 centimes.

« Seigle, avoine, orge ou maïs, par quintal : 3 francs, au lieu de la franchise actuelle.

« Farines de toute nature, par quintal : 9 francs au lieu de 1 fr. 20 accordés actuellement à la seule farine de froment. »

Le droit sur le riz a été rejeté.

La séance est levée à 11 heures 1/2.

Le Secrétaire,
Ameline de la Briselainne.

QUATRIÈME SÉANCE

21 novembre, à 2 heures.

M. Houdaille de Railly fait connaître les droits proposés, non plus sur le blé, mais sur le bétail, par la commission chargée du dépouillement des dossiers des comices agricoles.

M. le marquis de Poncins, membre du Conseil et président du groupe agricole de Loire, demande que l'assiette du droit sur les bestiaux soit fixée, non pas par tête, mais au poids par 100 kilos. Autrement, dit-il, l'étranger aura bénéfice à introduire des animaux gras ; c'est par conséquent donner une prime à l'engraissement étranger. Ce sont justement les animaux destinés à être engraissés qui manquent à notre agriculture.

M. Teissonnière, secrétaire général, pense au contraire que ce système serait d'une application très difficile. Il faudra arrêter les wagons à la frontière et les peser ; ce sont des formalités gênantes pour tout le monde.

M. de La Valette dit que pour les viandes salées et même pour les viandes fraîches, un droit de 20 francs par 100 kilos est nécessaire. Le droit de douane doit être en raison inverse des facilités et du bon marché du transport.

M. Muret, membre du Conseil, estime qu'il n'y a aucun avantage à adopter le système du droit au poids sur le bétail. En fait, beaucoup d'animaux maigres nous viennent de l'étranger. Cet état de choses continuera.

M. Sciama, ingénieur civil, se prononce pour le droit au poids en disant que rien n'est plus facile que de peser les wagons et les animaux au départ.

Mais il prend la question dans son ensemble. Pour que le vœu soit efficace, il faudrait que l'assemblée dît : Voilà le *minimum* de droit qui m'est nécessaire, et puis il faudrait que l'assemblée ajoutât d'une manière virile : Le député qui n'acceptera pas ce vœu n'est pas et surtout ne sera pas le mandataire du pays.

Oui, mais il faut alors pour agir utilement que ce minimum soit modéré ; or, avec les droits qu'on propose sur les bestiaux on va crier au scandale !

Je voudrais des droits plus faibles, mais je voudrais, par contre, que l'assemblée fît envoyer une circulaire énergique à tous les comices, circulaire qui dirait encore une fois : Voilà le *minimum* de ce qui nous est strictement indispensable ; nous ne démordrons pas d'une unité. Ceux qui ne voteront pas ces chiffres seront considérés par nous comme les ennemis de l'agriculture et nous saurons nous le rappeler quand le moment opportun sera venu.

M. Le Breton défend les droits proposés. Il rappelle qu'ils représentent à peu près 15 0/0 de la valeur des animaux et que dès lors les chiffres ne sont pas exagérés.

La proposition du marquis de Poncins, qui demandait un droit au poids sur le bétail, est mise aux voix et rejetée.

L'assemblée vote ensuite à une très grande majorité les tarifications suivantes sur les bestiaux :

```
Chevaux par tête ....................................................... 70 fr .»
Poulains ayant toutes leurs dents de lait, par tête ................. 35    »
Bœufs, par tête....................................................... 60    »
```

Taureaux et vaches par tête.. 40 fr. »
Taurillons, bouvillons et génisses ayant toutes leurs dents de lait, par
   tête .... 20 »
Moutons, par tête.......... .. .. 7 »
Porcs, par tête... 15 »
Porcs de lait, par tête. .... 3 »
Viandes fraiches, par 100 kilogrammes........................ 20 »
Viandes salées, par 100 kilogrammes........................ 15 »

A la suite de ce vote, plusieurs membres de l'assemblée croient qu'il faut examiner aussi les questions relatives aux divers produits du sol autres que ceux qui ont été envisagés jusqu'à présent.

M. de Mars, délégué du comice d'Yssingeaux (Haute-Loire), demanderait qu'on reconnût, dès à présent, la nécessité d'un droit sur les bois étrangers, encore qu'ils soient compris dans les traités de commerce et que l'application de ce droit ne puisse être qu'ultérieure.

M. le comte de Retz, membre du Conseil de la Société, s'exprime ainsi sur la question des soies :

Je viens vous demander de voter, pour la sériciculture, les mêmes droits compensateurs que pour les céréales et les bestiaux.

La sériciculture est dans un état de souffrance encore plus grave que les autres branches de l'agriculture française et cette situation est d'autant plus déplorable qu'elle dure depuis trente ans.

Il suffit, pour s'en convaincre, de comparer ces deux chiffres : dans les années qui ont précédé l'invasion de la maladie des vers à soie (1852, 53, 54) la moyenne du rendement en cocons était de 23 millions de kilos, vendus 105.500.000 francs environ. Le rendement des trois dernières années (1881, 82, 83) n'est plus que de 800.5000 kilos vendus 32 millions de francs environ.

1883 n'a donc donné que 7,660.000 kilos vendus 28.650.000 francs environ.

La comparaison de ces deux chiffres : 105 millions autrefois, 32 millions aujourd'hui, démontre avec évidence la décadence de l'industrie sérigène, et ces deux chiffres ne représentent que le rendement brut. La différence du rendement réel est bien plus considérable, par suite de l'élévation des frais d'éducation ; autrefois ces frais s'élevaient au quart du produit brut ; le rendement net était donc de 83 millions environ, tandis qu'aujourd'hui ils s'élèvent aux 2/5 ; le rendement net n'est plus que de 20 millions. Donc 83 millions autrefois, 20 millions aujourd'hui. Voilà la situation. Elle a amené la dépopulation de nos campagnes. Dans les six principaux départements sérigènes le nombre des habitants a diminué de 72.000 de 1876 à 1881. Elle menace d'une ruine complète les propriétaires de mûriers ; les terres ont perdu de 50 à 60 0/0 de leur valeur.

En présence de cet état de choses dont la cause principale est le bas prix des cocons qui s'accentue tous les ans par suite de la concurrence étrangère, les traités de commerce de 1882 déclaraient exempts de droits les cocons provenant des pays européens.

Je demande qu'un droit d'entrée soit appliqué aux cocons importés de l'Orient et surtout de la Chine. Ce droit doit être égal à celui que vous venez de voter pour les blés, c'est-à-dire 20 0/0 du prix des cocons français. Ce prix étant en moyenne de 3 fr. 80 le kilo, je demande que le droit d'entrée soit fixé à 75 ou 80 centimes par kilo de cocons d'Orient.

M. Gréa, membre du Conseil de la Société, dépose à son tour la proposition suivante :

Considérant que tous les cultivateurs supportent les mêmes charges et ont droit au même traitement, l'assemblée émet le vœu que des droits analogues dans leur quantum à ceux déjà votés, soient établis sur tous les produits agricoles sans exception, soit immédiatement pour ceux qui ne sont pas compris dans les traités de commerce, soit, pour ces derniers, quand le gouvernement aura recouvré sa liberté à leur égard.

M. Larmet dépose un vœu de la société d'agriculture du Doubs sur la question des fromages.

M. Balet, délégué du comice de Villeneuve-sur-Lot (Lot-et-Garonne), demande à traiter à fond la question du vinage.

M. Ameline de la Briselainne, secrétaire du Conseil, dit que l'assemblée va se trouver débordée par des questions qui sont importantes, sans doute, mais qui ne sont point dans le programme même de la réunion.

La plupart des points qu'on demande à traiter relèvent des traités de commerce. Or ces traités n'expirent qu'en 1892.

D'ici là, il coulera de l'eau sous le pont. D'ici là nous aurons cent fois l'occasion de traiter utilement et à temps ces mêmes questions.

En les mêlant d'une façon peu opportune aux questions si actuelles et si capitales aujourd'hui, des droits sur les céréales et sur les bestiaux, on surcharge le débat, on le complique, on risque de fatiguer le ministre et les pouvoirs publics par une série de demandes qui ne peuvent même pas être favorablement résolues quant à présent. C'est une mauvaise tactique que d'émietter notre action. Nous devons, au contraire, la concentrer et agir sur un point unique comme l'aile d'un corps d'armée qui vient à un endroit et à un moment donné, pour décider de la victoire.

M. Bertin, vice-président de la Société, appuie cette opinion et demande aussi l'ajournement des questions autres que celles des céréales et des bestiaux.

Mis aux voix dans ces termes, l'ajournement est voté par l'assemblée.

Une dernière question qui figure au programme du groupe agricole de la Chambre des députés est celle de l'emploi à donner aux droits de douane qui seraient perçus à la frontière. Mais M. le marquis de Dampierre, président, et après lui M. Josseau, vice-président de la Société, ont pensé qu'il n'appartenait pas à l'assemblée de s'occuper de l'emploi de ces fonds. C'est une question qui paraît être avant tout du ressort gouvernemental.

La réunion partage cette opinion et décide que la question de l'emploi à faire des droits de douane à la frontière ne sera pas, quant à présent du moins, mise en délibération.

M. le Président met alors aux voix l'ensemble des résolutions de l'Assemblée, qui sont définitivement votées en ces termes :

VOTE DE L'ASSEMBLÉE

L'assemblée des délégués des sociétés et comices agricoles de France, convoquée par le conseil d'administration, a émis les vœux suivants :

1° Que le droit actuel à l'importation sur le blé soit relevé;

2° Qu'à défaut du relèvement de ce droit fixe, il soit établi un droit variable haussant ou baissant selon le cours des blés;

3° L'assemblée, après dépouillement préalable des réponses écrites et adressées par les sociétés et les comices de France, a fixé ainsi qu'il suit les tarifs sur les céréales et sur le bétail :

	TARIFS ACTUELS fr. c.	TARIFS NOUVEAUX proposés fr. c.
CÉRÉALES		
Blé, méteil, épeautre, par quintal	0 60	5 »
Seigle, avoine, orge ou maïs, par quintal.	exempts.	3 »
Farines de toute nature, par quintal.	1 20 (froment seulement.)	9 »
BÉTAIL		
Chevaux, par tête ·	30 »	70 »
Poulains ayant toutes leurs dents de lait, par tête .	18 »	35 »
Bœufs, par tête.	15 »	60 »
Taureaux et vaches, par tête . . . . , .	8 »	40 »
Taurillons, bouvillons et génisses ayant toutes leurs dents de lait, par tête.	5 »	20 »
Moutons, par tête	2 »	7 »
Porcs, par tête.	3 »	15 »
Porcs de lait, par tête.	0 50	3 »
Viandes fraîches, par 100 kilogrammes	3 »	2C »
Viandes salées, par 100 kilogrammes	4 50	15 »

M. Ameline de la Briselainne, secrétaire, avant que la séance ne soit levée, dit qu'il a ordre de rédiger les procès-verbaux des quatre séance, qui viennent de se tenir, dans un très court délai.

Ces procès-verbaux seront envoyés à tous les comices et associations agricoles et à MM. les délégués personnellement.

MM. les délégués sont instamment priés de s'entendre avec leurs comices pour faire connaître autour d'eux les procès-verbaux de nos séances, aussitôt qu'ils les auront reçus, ainsi que le texte des résolutions adoptées. C'est en livrant ces idées à la publicité et en les défendant au besoint c'est en agissant avec vigueur et avec persévérance sur leurs député respectifs, que les comices peuvent aider puissamment au triomphe de nos revendications agricoles. C'est même, à vrai dire, le seul procédé qui puisse assurer le succès.

M. le marquis de Dampierre, Président, remercie tous les présidents de comices de s'être dérangés pour apporter ici leur témoignage personnel et le vœu si unanime de leurs commettants. Il fait appel à la continuation de leur dévoucment et de leur énergie pour le soutien des intérêts de l'agriculture.

M. le Président adresse au nom de l'assemblée et en son nom personnel, les plus vifs remerciements aux compagnies de chemins de fer qui ont bien voulu, cette fois, comme elles ont l'habitude de le faire si gracieusement pour nos sessions annuelles, contribuer au succès de notre congrès, par une réduction du prix des transports. (*Applaudissements unanimes.*)

La séance est levée à 5 heures.

La réunion des délégués des sociétés et comices agricoles, en séance spéciale du Conseil de la Société des agriculteurs de France, est et demeure close.

Le Président de la Société,
E. DE DAMPIERRE.
Le Secrétaire,
AMELINE DE LA BRISELAINNE.

Le Secrétaire général,
P. TEISSONNIÈRE.

EXPOSÉ PRÉSENTÉ

PAR LES DÉLÉGUÉS DES SOCIÉTÉS ET DES COMICES

A M. MÉLINE, MINISTRE DE L'AGRICULTURE

Le samedi 23 novembre M. le Ministre de l'agriculture a reçu la commission nommée par l'assemblée des délégués de tous les comices et sociétés agricoles réunis par le Conseil de la Société des agriculteurs de France.

Voici, en substance, les considérations que les membres de la commission ont présentées à M. le Ministre :

Nous avons eu l'honneur de vous adresser, immédiatement, les vœux émis hier par l'assemblée formée par la réunion du Conseil de la Société des agriculteurs de France et de tous les comices et sociétés agricoles de France ; ce vote unanime, sauf un ou deux dissidents, a eu lieu après le dépouillement des réponses faites par la majeure partie des départements, au sujet des droits de douane à établir sur les produits agricoles et sur le bétail.

Ces droits ont paru modérés aux personnes les plus compétentes. Celui sur les moutons est plus élevé, afin de donner à l'éleveur une compensation pour la laine, qui est exempte de droits.

Si l'on trouvait le droit sur le blé trop élevé (nous reviendrons sur ce point), nous accepterions un droit variable, haussant et baissant, quand le prix du blé baisse ou hausse.

Ce système serait beaucoup plus simple que celui de l'ancienne échelle mobile. Le prix de base serait unique pour toute la France et revisable seulement tous les six mois ou tous les ans, à des époques déterminées à l'avance.

Mais, selon nous, si l'on tient compte des circonstances générales actuelles, du bas prix de production du blé en certains pays, du bas prix des transports, le droit de 5 francs n'est pas trop élevé.

Dans ces conditions, le blé peut se présenter dans nos ports à des prix notablement inférieurs à 20 francs le quintal. Si à ce prix on ajoute le droit de 5 francs, on obtient pour le quintal de blé; des prix inférieurs au prix rémunérateur et prix dont le consommateur ne saurait se plaindre.

On dit que les frets sont si bas qu'ils remonteront nécessairement; soit, mais ils ne hausseront plus de façon à avoir une influence notable sur le prix du blé.

Si le gouvernement veut venir sérieusement en aide à l'agriculture, il ne saurait accepter un prix inférieur à 5 francs ; ce serait manquer le but : toute demi-mesure serait funeste.

Il ne faut pas croire que ce droit de 5 francs et les autres droits demandés puissent suffire au relèvement de l'agriculture ; ce sera un encouragement pour faire de grands efforts, que nous sommes décidés à faire, en vue de transformer et de perfectionner nos méthodes de culture.

On a dit que la crise actuelle devait être attribuée à la négligence, à la nonchalance, à l'ignorance des cultivateurs. Sans doute, dans une corporation aussi nombreuse, il y a des négligents et des ignorants, mais la grande masse est laborieuse et économe. On compte d'ailleurs, parmi les cultivateurs, bon nombre d'hommes éclairés et instruits ; eh bien, leurs fermes ne sont pas plus prospères que les autres ; les fermes des primes d'honneur sont en perte comme les autres. C'est à l'aide de la comptabilité de l'une d'elles que nous avons pu, il y a quatre ans, mettre en évidence la déplorable situation de l'agriculture.

Oui, nous en convenons, nous sommes arriérés, puisqu'au dehors de notre pays, il y a des cultivateurs plus habiles dont nous imiterons les méthodes ; mais si nous sommes arriérés, l'enseignement officiel est tout aussi arriéré, car il ne nous a pas enseigné ces méthodes.

Quelques personnes prétendent que si la grande culture se plaint, la petite et la moyenne culture sont satisfaites.

De nombreux témoignages démontrent qu'il y a là une erreur complète.

La grande, la moyenne et la petite culture sont toutes les trois malheureuses. Permettez-nous, monsieur le Ministre, de revenir au droit sur le blé.

On dit que le droit de 5 francs augmentera le prix du blé de cinq centimes par kilogramme ; cela n'aura lieu que dans le cas d'une extrême abondance au dehors, mais alors le prix final du blé (nous l'avons déjà dit) sera encore si bas que le consommateur ne pourra s'en plaindre. Si le prix du blé, au contraire, haussait, les blés étrangers ne tarderaient pas à entrer et empêcheraient les cours de devenir fâcheux. Permettez-nous de citer à ce sujet deux faits concluants :

Vous avez rendu, dernièrement, monsieur le Ministre, un grand service à la sucrerie indigène, en obtenant pour elle une surtaxe de 7 francs. Aujourd'hui, alors que les cours des sucres sont avilis par un excès insensé de production à l'étranger, ils sont, grâce à la surtaxe, moins bas de 7 à 8 francs en France qu'en Allemagne. Nul consommateur ne trouve ce prix du sucre trop élevé ; on se demande même s'il est, aujourd'hui rémunérateur pour le fabricant français.

Au même moment, on avait maintenu hauts les prix du raffiné en France. Aussitôt, malgré la surtaxe de 8 francs, il entra en France, chose qu'on n'avait jamais vue, 5 à 6.000 tonnes de sucre raffiné. Les cours de ce produit redevinrent normaux.

Les surtaxes, quand il y a *surabondance* de *produits à l'étranger*, ne *sauraient* donc nuire au *consommateur*. Leur effet le plus saillant c'est dans ce cas, de modérer la production étrangère en lui imposant des sacrifices sérieux, et de mettre, jusqu'à un certain point, le producteur, français à l'abri des excès de l'industrie étrangère.

Il en serait pour les blés comme pour les sucres, car il y a, à l'étranger, surabondance de blé comme il y a surabondance de sucre.

Vous pensez, Monsieur le Ministre, que l'ouvrier des villes trouvera le droit de 5 francs trop élevé et nuisible à ses intérêts.

Nous avons eu l'honneur de vous dire que le droit de 5 francs ne se ferait pas sentir d'une manière nuisible sur le prix du pain. Admettons, cependant, que le prix du pain augmente de cinq centimes par kilogramme, nous poserons alors cette question : Ne vaut-il pas mieux pour l'ouvrier des villes avoir du travail et payer le pain 5 centimes de plus au kilogramme, que de n'avoir pas de travail et payer son pain cinq centimes de moins ?

Il faut faire comprendre à l'ouvrier des villes, à l'ouvrier industriel, que sa prospérité est solidaire de la prospérité des campagnes ; que les 2/3 de ses acheteurs nationaux sont les campagnards, qu'il a intérêt, par conséquent, à les voir prospérer. Or, quand les campagnards sont pauvres et malheureux, comme ils le sont depuis quelques années, ils n'achètent plus, ils ne consomment plus, l'industrie souffre et s'arrête. Il suffit, pour en être convaincu, d'avoir vu dans nos petites villes les boutiques, en général désertes, ne se remplir que les jours du marché envahies par les gens de la campagne. Si les campagnes souffrent, comme en ce moment, les boutiques sont peu visitées, les ventes diminuent, les voyageurs de commerce ne reçoivent plus de commandes et l'ouvrier industriel manque d'ouvrage.

Quand les propriétaires ne touchent pas de fermages, comme cela est trop fréquent aujourd'hui, les conséquences sont aussi fâcheuses pour l'ouvrier industriel.

La misère de nos campagnes, telle est la véritable cause, ou du moins la principale cause de la crise industrielle actuelle.

Il faut donc avant tout leur rendre la prospérité.

Nous avons peine à comprendre que la commission des 44 n'ait pas, dès ses premières séances, été frappée de cette vérité.

Nous ne devons pas quitter ce sujet sans faire connaître au ministre de l'agriculture un incident tristement caractéristique.

C'est à la Saint-Martin (le 11 novembre), que se font pour l'année, dans la région du Nord, les engagements des charretiers et des hommes de ferme. Cette année, ces engagements ont eu lieu avec une réduction de 10 à 25 0/0 sur les salaires. Ces réductions ont été acceptées avec résignation comme une conséquence nécessaire de la situation, bien connue de tous. Sans aucun doute ces ouvriers préféreraient payer le pain cinq centimes de plus au kilogramme, augmentation très exceptionnelle, et ne pas être réduits dans leur salaire.

Le gouvernement ne saurait porter trop tôt un remède efficace à une pareille situation.

Nous ne pouvons attacher de l'importance aux craintes de certains négociants, relatives à l'insuffisance des entrepôts où ils devraient, à l'avenir, déposer leurs blés. N'y avait-il pas autrefois des entrepôts en quantité suffisante ?

Quoi de plus facile, d'ailleurs, que de transformer des magasins en entrepôts.

Les 500 fabriques de sucre ne sont-elles pas de véritables entrepôts ?

Puisque le conseil des ministres n'a pas encore pris de résolution, nous vous demandons, monsieur le Ministre, de vouloir bien faire pour l'agriculture ce que vous avez si heureusement fait pour la sucrerie.

Nous connaissons votre bon vouloir pour les intérêts agricoles, mais nous savons aussi quels obstacles vous rencontrez.

C'est pourquoi nous avons espéré, en vous apportant le concours de presque tous les départements, vous donner la force nécessaire pour faire accepter nos demandes par le conseil des ministres, avant qu'il n'ait fixé les nouveaux droits de douane, et pour obtenir de la Chambre, ainsi que vous l'espérez, qu'elle les sanctionne par son vote, avant de se séparer.

Il est nécessaire d'aller vite dans cette voie, afin de limiter les importations motivées par la crainte d'un changement de régime et qui rendent la crise plus aiguë. Il est nécessaire, surtout, de rendre au plus tôt quelque espérance à l'agriculture épuisée et désolée.

La commission a quitté le Ministre en lui exprimant sa reconnaissance pour son bon accueil et pour ses sympathies actives en faveur de la cause de l'agriculture.

<table>
<tr><td>Le Secrétaire,</td><td>Le Président de la Commission,</td></tr>
<tr><td>HOUDAILLE DE RAILLY.</td><td>F. JACQUEMART.</td></tr>
</table>

LETTRE

DE M. LE PRÉSIDENT DE LA SOCIÉTÉ

A M. LE MINISTRE DE L'AGRICULTURE

Monsieur le Ministre,

Sur votre bienveillante invitation, une commission composée, partie de membres du bureau de la Société des agriculteurs de France, partie de délégués des sociétés d'agriculture réunies à Paris, tous membres de leur conseil général, présidents de leur comice, etc., a été vous porter le résultat de délibérations qui ont duré deux jours entiers ; je vous remercie de l'accueil que vous avez bien voulu faire à cette commission.

Vous avez remarqué, Monsieur le Ministre, que par une coïncidence des plus significatives une proposition de loi demandant les mêmes chiffres d'élévation de droits sur les céréales et sur les bestiaux avait été déposée à la Chambre des députés le jour même où nous délibérions et n'avait pu, par conséquent, être plus influencée par nos déclarations que nous ne l'étions nous-mêmes par les graves considérants de la proposition parlementaire de MM. *Ganault, Malézieux, Turquet, Ringuier, Lesguiller, Sandrique, Fouquet* et *Villain*. (1)

J'espère aussi, Monsieur le Ministre, que la mesure dans laquelle s'est tenue notre réunion en ne se prononçant, quant à présent, que sur les deux points que les traités de commerce laissent seuls en dehors de leurs stipulations. les céréales et les bestiaux, aura appelé votre attention.

Nous avions dû, pour répondre au vœu du groupe agricole de la Chambre des députés, qui nous avait transmis son questionnaire, résumer en quatre points à traiter le programme de la discussion :

Les céréales ;

Les bestiaux ;

Les autres produits du sol ;

L'emploi à faire des fonds provenant de l'élévation des droits de douane.

La réunion n'a abandonné aucune de ses revendications : elle a manifesté sa volonté de laisser au gouvernement, responsable de la gestion des finances de l'État, la libre disposition des fonds provenant de l'augmentation des droits de douane à percevoir, mais elle n'a fait qu'effleurer ces questions et il lui a paru qu'elle témoignait mieux de son esprit éminemment pratique et modéré, en ne donnant son avis que sur les deux points actuellement en discussion dans les conseils du gouvernement et dans les Chambres. Elle a fait taire ses justes griefs et ses douleurs, pour dire nettement l'opinion de l'agriculture française dans une ques-

____

1. V. page 76 le texte de cette proposition de loi.

tion discutée en ce moment même et qu'il dépend du gouvernement d'amener à une solution favorable. J'ai regretté plusieurs fois, Monsieur le Ministre, que vous ne fussiez pas témoin du calme et de la modération de nos réunions : ils témoignent d'une force qui se sent, d'une conviction profonde que les intérêts que nous défendons sont ceux du pays lui-même, de la certitude que toutes les opinions politiques s'effaceront devant la nécessité de faire ce qu'il faut pour se sauver.

Il nous est revenu, monsieur le Ministre, que vous étiez accusé d'avoir contribué à l'agitation du monde agricole par la déclaration si franche que vous aviez faite de ses souffrances et de la connaissance que vous en aviez. On vous ferait un crime de trop bien voir les choses et de les dire telles que vous les voyez. S'il en était ainsi, Monsieur le Ministre, votre caractère n'en recevrait aucune atteinte assurément, mais ce serait un signe bien douloureux, bien inquiétant pour l'agriculture. Nous y verrions une méconnaissance de la situation, un oubli des responsabilités qui pèsent sur le gouvernement, qui seraient de nature à porter gravement atteinte à son crédit.

De là, à croire que l'on aura fait un acte décisif en faveur de l'agriculture en lui accordant un relèvement de droits de douane sur certains de ses produits, il n'y a qu'un pas. Or, Monsieur le Ministre, nous ne cesserons de dire que cet allègement que nous demandons pour elle ne la sauvera pas et qu'il lui faut plus et mieux. Notre régime économique est injuste et ruineux, il doit être changé ; nous voulons être relevés de cette détestable situation d'inégalité avec les autres industries dans la lutte que toutes ont également à soutenir contre les produits étrangers qui envahissent notre marché, grâce au bas prix des transports. Des excès de production, ou un prix de revient des plus faibles, permettent à ces produits d'abaisser leur ventes à des prix qui nous sont interdits par toutes les conditions économiques et sociales de notre pays, par des exigences fiscales qui grandissent tous les jours, vous le savez, Monsieur le Ministre.

Je vous prie de recevoir, Monsieur le Ministre, l'expression de mes sentiments de haute considération.

Le Président,
E. DE DAMPIERRE.

LETTRE A MESSIEURS LES PRÉSIDENTS

DES SOCIÉTÉS ET DES COMICES AGRICOLES DE FRANCE

L'assemblée composée des membres du Conseil de la Société des agriculteurs de France, des délégués des comices et des sociétés d'agriculture, a chargé une commission :

De dépouiller les réponses reçues de presque tous les départements et de l'Algérie, relatives aux droits de douane sur les céréales et le bétail ;

D'indiquer, d'après ces documents, les droits compensateurs généralement demandés pour défendre nos céréales et notre bétail contre l'invasion des produits similaires étrangers ;

Et de poursuivre, auprès de qui de droit, la réalisation des vœux émis par l'Assemblée.

La Commission était composée de MM. F. Jacquemart (Aisne), vice-président de la Société, président de la commission ; P. Teissonnière (Hérault), secrétaire général de la Société ; E. de Monicault (Ain), vice-président de la Société ; E. Pluchet (Seine-et-Oise), vice-président de la Société ; Comte de Luçay (Oise), secrétaire général adjoint de la Société ; M. de Hau t (Seine-et-Marne), membre du conseil de la Société ; Ameline de la Briselainne (Côtes-du-Nord), membre du conseil de la Société ; De la Massardière (Vienne), membre du conseil de la Société ; Houdaille de Railly (Yonne), secrétaire adjoint de la Société ; E. Lecouteux (Loir-et-Cher), directeur du *Journal d'Agriculture pratique* ; Le Breton (Mayenne), délégué de l'association des agriculteurs de la Mayenne ; Nice (Aisne), délégué du comice de Laon ; Gentilliez (Aisne), délégué du comice de Marle ; J. Sainte-Beuve (Seine-et-Oise), délégué du comice agricole de Seine-et-Oise, Gatellier (Seine-et-Marne), délégué de société d'agriculture de Meaux ; Groualle (Loire), délégué du groupe des agriculteurs de la Loire.

Nous venons, Messieurs, vous rendre compte de la mission que vous nous avez fait l'honneur de vous confier.

Après une étude sérieuse des documents, la Commission a proposé à l'Assemblée la résolution suivante :

L'assemblée des délégués des sociétés et comices agricoles de France, convoqués par le Conseil d'administration de la Société des agriculteurs de France, a émis les vœux suivants :

1° Que le droit actuel à l'importation sur le blé, soit relevé ;

2° Qu'à défaut du relèvement de ce droit fixe, il soit établi un droit variable, haussant ou baissant selon le cours des blés.

3° L'assemblée, après dépouillement préalable des réponses écrites adressées par les sociétés et les comices de France, a fixé ainsi qu'il suit les tarifs sur les céréales et sur le bétail :

(Voir les tarifs votés, page 63.)

A la suite d'une discussion tout à la fois brillante et grave, car elle a montré combien les souffrances de l'agriculture étaient générales et profondes, les propositions de la Commission ont été adoptées, nous dirions à l'unanimité, si, sur quelques points, il n'y avait eu deux ou trois voix dissidentes.

Le lendemain de la réunion, la Commission a porté les résolutions de l'assemblée à M. le ministre de l'Agriculture. Elle a été parfaitement accueillie. (Voir page 65, le compte rendu de la réception des délégués par le ministre.)

Elle a résumé tous les arguments qui militent en faveur des résolutions adoptées ; combattu les objections qu'on leur oppose ; insisté sur la nécessité et sur l'urgence des mesures à prendre ; sur le danger des demi-mesures.

Elle a dit que si les droits demandés étaient nécessaires, ils ne sauraient suffire, cependant, au relèvement de l'Agriculture ; que chacun comprenait qu'en présence de cet encouragement, il y aurait des efforts considérables à faire, des progrès à réaliser.

La Commission a rappelé à M. le Ministre le grand service qu'il venait de rendre à la sucrerie indigène, en obtenant pour elle une surtaxe de 7 francs ; que dans les circonstances qui ont suivi cette mesure, il trouvait la preuve de ces deux faits importants : si les cours sont avilis par une surabondance à l'étranger, une surtaxe a son plein effet sans amener un cours élevé ; si les cours sont élevés (les raffineurs avaient maintenu des prix élevés au sucre raffiné), la surtaxe n'est plus une barrière, les produits étrangers franchissent la frontière et ramènent un cours normal.

Il en sera ainsi pour le blé. Dans les circonstances générales actuelles, on ne saurait redouter pour le blé un prix élevé, malgré le droit de cinq francs.

L'ouvrier des villes proteste, dit-on, contre le droit de 5 francs ; c'est qu'il ne comprend pas, sans doute, que les campagnards forment les deux tiers des consommateurs de ses produits ; que si les campagnes sont prospères, l'industrie prospère ; que si elles sont malheureuses, comme aujourd'hui, l'industrie souffre. Les ouvriers qui, à la Saint-Martin dernière, ont accepté une réduction de 10 à 20 pour 100 sur leurs salaires, préféreraient payer le pain quelques centimes plus cher et ne pas subir de réduction de salaire.

La Commission a demandé à M. le Ministre de vouloir bien faire pour l'agriculture ce qu'il a si heureusement fait pour la sucrerie, et de lui permettre de compter sur son appui. En lui apportant le concours de la presque totalité de nos départements, elle a espéré lui donner plus de puissance.

Elle remercie le Ministre de son bienveillant accueil et de ses excellentes intentions pour l'agriculture.

Il ne reste plus à la Commission, pour remplir le programme qui lui a été tracé, que de vous faire connaître, Messieurs, le sentiment qui a été à plusieurs reprises, chaudement exprimé dans l'assemblée et vivement accueilli par elle.

Ce sentiment est celui-ci :

C'est un devoir rigoureux pour les représentants des Comices, des sociétés d'agriculture et pour leurs membres, d'éclairer leurs députés sur la gravité de la situation, sur la nécessité et l'urgence des mesures demandées et de les amener à partager leurs convictions.

Vous réussirez certainement dans cette voie, car les circonstances sont telles, que la lumière se fait, en ce moment, dans les esprits les plus prévenus. Vous ne douterez pas du succès, si vous lisez les noms des députés, tous amis du gouvernement, inscrits au bas de la proposition de loi déposée le 14 novembre, sur le bureau de la Chambre des députés. Par cette proposition, ils présentent à la sanction de leurs collègues les mêmes droits que nous demandons nous-mêmes. Plusieurs de ces signataires repoussaient avec indignation, il y a quatre ans, l'idée de soumettre aux droits de douane le blé et le bétail ; depuis, des faits déplorables les ont éclairés, et ils ont le courage de réparer leur erreur. Vous aussi, Messieurs, vous saurez éclairer vos députés et conquérir leurs suffrages. Le succès est à ce prix.

Le Secrétaire de la Commission,

Secrétaire adjoint de la Société,

E. HOUDAILLE DE RAILLY.

Le Président de la Commission
Vice-président de la Société,
Fr. JACQUEMART.

P.-S. — Les procès-verbaux de l'assemblée des délégués des sociétés et comices vous seront prochainement envoyés.

TABLEAU DES TARIFS DE DOUANE sur les Céréales, le Bétail et les Vins, en Europe et aux États-Unis

(LES PAYS NON DÉNOMMÉS ONT ADOPTÉ L'IMPORTATION EN FRANCHISE OU UN DROIT FISCAL SANS IMPORTANCE)

	FRANCE — Tarifs actuels.	FRANCE — Tarifs votés par les délégués des sociétés et comices.	ALLEMAGNE	ANGLETERRE	AUTRICHE
CÉRÉALES	fr. c.	fr. c.	fr. c.		fr. c.
Blé, méteil, épeautre, par 100 kil.	0 60	5 »	1 25	Exempts.	1 25
Seigle, avoine, orge, maïs, par 100 kil.	Exempts.	3 »	1 25 (Seigle et avoine seulement.)	»	0 62
Farines de toute nature, par 100 kil.	1 2 (Pour la seule farine de froment.)	9 »	3 75	»	3 75
BÉTAIL					
Chevaux, par tête	30 »	70 »	12 50	»	25 »
Poulains ayant toutes leurs dents de lait, par tête	18 »	35 »	12 50	»	25 »
Bœufs, par tête	15 »	60 »	25 »	»	10 »
Taureaux, vaches, par tête	8 »	40 »	7 50	»	Taureaux 10 » Vaches.. 3 75
Taurillons, bouvillons et génisses ayant toutes leurs dents de lait, par tête	5 »	20 »	5 »	»	1 87,5
Moutons, par tête	2 »	7 »	1 25	»	0 75
Porcs, par tête	3 »	15 »	2 12,5	»	7 50
Porcs de lait, par tête	0 50	3 »	0 37,5	»	0 75
Viandes fraiches, par 100 kil.	3 »	20 »	»	»	»
Viandes salées, par 100 kil.	4 30	15 »	»	»	»
VINS	Tarif général, par hectolitre de vin n'excédant pas 10 degrés.. 4 50 Tarif conventionnel avec l'Espagne, l'Italie, le Portugal et l'Autriche, par hectolitre 2 f	»	Par 100 kil. : En bouteilles.. 60 » En fût.. 30 »	Par hectolit. : Vins contenant moins de 149 degrés. 27 51 Moins de 24 degrés... 68 76	Par 100 kil. : En bouteilles.. 50 » En fût.. 30 »

	ESPAGNE	ITALIE	RUSSIE	TURQUIE	GRÈCE	PORTUGAL	ÉTATS-UNIS
CÉRÉALES	fr. c.	fr. c.	fr. c.		fr. c.	fr. c.	PAR HECTOL.
Blé, méteil, épeautre, par 100 kil.	4 20	1 40	Exempts.	Grains et farines, 8 0/0 ad valorem.	1 44	5 60	Blé... 2 94 Maïs.. 1 47 Orge.. 1 47 Seigle. 1 47 Avoine. 1 47
Seigle, avoine, orge, maïs, par 100 kil.	3 10	1 15	»		1 11	Maïs et seigle 5 04 Orge et avoine 4 48	Farine de blé froment :
Farines de toute nature, par 100 kil.	Mêmes droits que les grains, selon l'espèce, et 5 0/0 en sus.	2 77	2 14		Farine de froment. 3 54 Autres.. 2 11	Farine de froment.... 8 90 Farine de maïs et de seigle. 6 16 Farine d'orge et d'avoine. 5 04	20 0/0 ad valorem Farine d'blé 2 90 Farine seigle 5 54 les 100 kil.
BÉTAIL							
Chevaux, par tête	Chevaux hongres, hors de marque 125 80 Autres et juments.. 31 50	Exempts.	Exempts.	Bêtes de somme et bestiaux à 0/0 ad valorem.	22 50	14 37	Bêtes de somme et bestiaux 20 0/0 ad valorem.
Poulains ayant toutes leurs dents de lait, par tête	31 50	Exempts.	»		22 50	14 37	
Bœufs, par tête	13 80	15 »	»		13 50	2 12	
Taureaux, vaches, par tête	13 80	Taureaux 15 » Vaches. 7 50	»		Vaches.. 9 »	2 12	
Taurillons, bouvillons et génisses ayant toutes leurs dents de lait, par tête	13 80	5 »	»		9 »	2 12	
Moutons, par tête	1 40	0 20	»		0 90	Exempts.	
Porcs, par tête	8 45	2 50	»		4 50	0 69	
Porcs de lait, par tête	8 45	0 75	»		1 35	0 69	
Viandes fraiches, par 100 kil.	»	5 »	»		»	»	
Viandes salées, par 100 kil.	»	20 »	»		»	»	
VINS	Par hectolit. : Mousseux 20 » Autres.. 6 »	En futaille, par hectolit. 4 » En bouteilles, par 100 bout. de 1 litre au plus... 4 »	Par 100 kil. : En fût.. 56 16 Non mousseux, par bouteille. 1 32 Mousseux, par bouteille. 4 »	8 0/0 ad valorem.	Vins de toutes qualités, par 100 kil. : En bouteilles. 70 31 En fût.. 28 12	Pour tous les vins : Par décalitre... 3 12	Vins non mousseux, par hectolitre. 56 80 Vins non mousseux, par caisse de 12 bouteilles. 8 29 Vins mousseux par caisse de 12 bouteilles. 36 75

ANNEXE

—

CHAMBRE DES DÉPUTÉS

—

PROPOSITION DE LOI

PORTANT MODIFICATION PARTIELLE DU TARIF GÉNÉRAL DES DOUANES,
(RENVOYÉ A LA COMMISSION DES DOUANES)

**Présentée par MM. Ganault, Malézieux, Turquet, Ringuier, Lesguiller
Sandrique, Fouquet, Villain, députés.**

EXPOSÉ DES MOTIFS

Messieurs,

L'intensité de la crise que l'agriculture subit depuis plusieurs années
et qui va sans cesse s'aggravant n'a plus besoin d'être démontrée.

Quand chaque jour des mobiliers de culture sont vendus à l'encan ;
quand, de toute part des corps de ferme restent à l'abandon ; quand,
dans certains départements, on compte déjà par milliers le nombre des
hectares laissés en friche ; quand c'est par millions que se chiffre par
chaque mois de l'année courante le déficit des recettes de l'enregistrement sur les transmissions immobilières à titre onéreux et les baux des
propriétés rurales, on peut dire hautement et sans crainte d'être taxé
d'exagération, qu'il n'est pas seulement nécessaire, mais de la plus
extrême urgence, de porter à tant de maux un remède énergique, et que
c'est d'une question vitale pour le pays tout entier que le Parlement est
aujourd'hui saisi, à la fois par l'initiative du Gouvernement et par celle
du plus grand nombre de ses membres.

La cause du mal est ancienne ; elle est universellement reconnue. Les
traités de 1860, en stipulant, en faveur de l'industrie des villes, des
droits protecteurs, ont laissé les produits de l'industrie agricole livrés
sans défense à la concurrence étrangère, et dans l'espoir, bientôt déçu,
de fournir à l'habitant des villes tous les produits du sol à bon compte,

ils ont livré le marché français à l'invasion des grands spéculateurs de l'ancien et du nouveau monde.

En perdant de vue cette incontestable vérité que l'homme qui sait faire usage d'une charrue pour produire du grain mérite aussi bien d'être raité comme un industriel que celui qui, à l'aide d'un métier, tisse la laine ou le coton, on a inconsidérément rompu le lien de solidarité qui aurait dû tenir constamment rapprochés le producteur des matières premières et celui qui les perfectionne, et la ruine du premier réagit aujourd'hui cruellement sur le second. Celui-ci, en effet, perdant l'excellent client qu'il avait à sa porte, voit aujourd'hui ses magasins s'encombrer, ses prix de vente s'abaisser, et se trouve réduit à courir sans profit le monde pour trouver des débouchés, au grand détriment de la patrie commune, dont la puissance est chaque jour ébranlée par l'accumulation des pertes subies par chacun de ses enfants.

Ce tableau, quoi qu'en puissent dire certains intermédiaires hautement intéressés au maintien du *statu quo* ou leurs ardents et souvent bien aveugles défenseurs, n'a rien d'exagéré.

On sait, en effet, que sur la contenance totale des propriétés imposables, qui est en France de 49.388.304 hectares, la culture des céréales en occupe 16.278.834, tandis que 7.310.227 hectares de prairie naturelle ou artificielle sont consacrés à l'élevage du bétail, soit ensemble 23 miltons 589.061 hectares.

On voit donc que, sans parler des cultures spéciales de la betterave, de la vigne, du houblon, du tabac, etc., l'atelier agricole, où se produisient les céréales et la viande, mérite bien, par son importance, par le nombre des habitants qu'il fait vivre, de fixer l'attention du Gouvernement et du législateur.

Or, si on recherche, d'après les moyennes de la statistique officielle fournie, en 1884, par le Ministère de l'agriculture, quel peut bien avoir été, pendant les dix dernières années, la moyenne de rendement des terres livrées à la culture des céréales, on constate que, de 1874 à 1883 inclus, la production moyenne annuelle en froment, méteil et seigle, à été de 134.220.775 hectolitres.

Mais si l'on considère d'autre part que la consommation moyenne, tant pour la population sédentaire que pour celle flottante, est évaluée à 100.000.000 d'hectolitres par an, que la portion de la récolte à tenir en véserve pour les semences, si elle n'a pas été déjà déduite dans les statistiques officielles, peut être évaluée à environ 16 millions d'hectolitres par an, on doit reconnaître que la France aurait pu exporter en moyenne pendant chacune des dix dernières années révolues. et quelque mauvaises qu'aient été certaines récoltes, de 18 à 20 millions d'hectolitres de blé, méteil et seigle.

En a-t-il été ainsi ? Il s'en faut de beaucoup, car, tandis que les bulletins nous indiquent des chiffres d'exportation qui ne dépassent guère 100 à 110 mille hectolitres par an pour les blés et qui varient pour les seigles entre 2.400.000 et 1.400.000 hectolitres, nous voyons les importations de blé et de seigle suivre une marche toujours ascendante.

Et, cependant, durant ces mêmes années, les importations de grains s'opéraient dans les conditions que voici, toujours en ce qui concerne les froments, épeautre, méteil et seigle :

1879	30.654.892 hect.
1880	27.276.132
1881	17.152.984
1882	17.289.740
1883	13.478.428

A première vue il semble que cette marche décroissante des introductions de grains constitue une amélioration pour la production indigène du blé ; mais il n'en est rien puisque, de 23 fr. 08 qui était la moyenne des prix de vente à l'hectolitre pour le froment en 1878, on est successivement descendu, en 1880, à 22 fr. 90, en 1881 à 22 fr. 28, en 1882 à 21 fr. 51 en 1883 à 19 fr. 16, et pour les seigles, du cours de 15 fr. 12 en 1879, on est arrivé à 14 fr. 84 en 1881, à 13 fr. 94 en 1882, à 12 fr. 93 en 1883. Inutile d'ajouter que les cours de 1884 sont encore bien au-dessous de ces moyennes, car ces importations successives jointes à l'excès de notre production ont tout encombré d'un stock considérable.

La marche décroissante des importations de grains en France s'explique donc autrement que par une surélévation des prix favorables à nos agriculteurs. Elle s'explique au moyen des indications du bulletin statistique, par l'importation des farines, importations qui, depuis 1878, ont suivi une marche toujours ascensionnelle.

Il est entré, en 1879,	119.252	qx. m. de farines.	
—	1880,	280.643	—
—	1881,	235.693	—
—	1882,	326.656	—
—	1883,	430.908	—

N'est-on pas en droit de se demander ce que deviendra la meunerie indigène si cette progression continue?

Il faut donc bien le reconnaître. Pour la farine comme pour le blé, pour le bœuf comme pour le mouton, pour tout ce qui est le fruit des efforts condensés du capital et du travail agricole sur la moitié de notre sol, l'intermédiaire qui se borne à spéculer sur des différences, qui trouve son bénéfice à drainer nos capitaux au profit de l'étranger, est en train, sans penser à mal assurément, de terminer l'œuvre si tristement commencée en 1860 et de porter les derniers coups à notre agriculture.

Le législateur peut-il assister sans s'émouvoir, sans en envisager les conséquences, sans en assumer la responsabilité, à ce duel inégal entre ceux qui s'abritent sous le brillant drapeau de la liberté commerciale et leurs victimes inconscientes poussant à travers des sentiers dorés la patrie vers sa ruine ? Nous ne le pensons pas.

Aussi, sans nous laisser éblouir par les mirages de la statistique commerciale que de savants docteurs ou d'habiles écrivains sont toujours prêts à faire briller à nos yeux et qui présentent la situation générale comme de plus en plus prospère alors que nos principales sources de production sont visiblement atteintes et menacées de se tarir, allons-nous achever de démontrer qu'aux cours actuels de vente des grains et des bestiaux la culture ne faisant plus ses frais commence à abandonner le sol et qu'il est grandement temps d'aviser.

A quel prix le cultivateur français peut-il produire le blé ? C'est évidemment là l'une des données principales du problème. Les statistiques officielles du Ministère de l'agriculture étant jusqu'à présent muettes à cet égard, il faut bien se renseigner par d'autres documents.

Or il a été établi, lors de l'enquête de 1866, que de 1851 à 1861, le prix de revient du blé avait varié de 15 à 22 fr. 80 par hectolitre, suivant qu'on établissait le compte dans les cultures de Bretagne où la main-d'œuvre était presque pour rien, et dans celles des environs de Paris où elle se payait déjà sensiblement plus cher.

Aujourd'hui que, par suite du dépeuplement des campagnes au profit des villes, les salaires des ouvriers des champs ont partout plus que doublé depuis 1861, on peut dire hardiment que, de maximum qu'il était alors, le prix de revient de 22 fr. 80 est devenu un minimum, tandis que celui de 15 fr. peut être devenu légendaire mais ne se rencontre plus qu'à titre d'exception et dans des conditions inimitablement privilégiées.

Un écrivain dont le nom fait autorité, M. Barral, soutenait qu'actuellement le prix moyen de revient du blé s'élevait à 27 fr. par quintal métrique c'est-à-dire à environ 20 fr. 71 par hectolitre, si on prend le blé pour le poids moyen de 76 kil. 74 par hectolitre, poids qui est attribué par la statistique officielle à la moyenne des secondes qualités.

Les nombreux travaux auxquels les comices, les conseils généraux, les sociétés d'agriculture se sont livrés depuis quelque temps donnent presque tous pour résultats des moyennes supérieures à 25 fr. par quintal.

Comment à 27, à 25 ou même à 22 fr. 80 la culture peut-elle vivre quand les cours officiels constatent des prix de vente au quintal de 21, de 20, de 19 et même tout récemment d'un chargement tout entier de blé des Indes à 15 fr. 50 au port de Dunkerque ?

Au cours d'une discussion qu'il soutenait contre le secrétaire d'un comice de la région du Nord-Est, M. de Sauvage, maître de conférences à l'Institut agronomique faisait pour l'année 1881 la concession suivante :

Dans les régions où les terres valent de 100 à 140 francs de fermage impôt compris, on peut considérer qu'après payement de l'intérêt du capital d'exploitation à 5 0/0 le fermier ne peut aux cours actuels rien préleverpour ses dépenses personnelles.

Dans les exploitations dont les terres valent de 50 à 80 francs de fermage par hectare, le bénéfice moyen n'est que de 2 à 5 0/0 du capital d'exploitation. Mais dans les terres affermées au-dessous de 40 francs l'hectare et dont le produit en blé n'atteint pas 15 quintaux à l'hectare. la perte est presque inévitable, et le petit cultivateur opérant sur des terres de cette nature se borne à fournir son travail et celui de sa famille à *prix réduit*.

Ces constatations émanées de la plume d'un homme qui combat les revendications de l'agriculture ne sont-elles pas un aveu douloureux de la gravité de la situation ?

Ainsi, le cultivateur de bonnes terres qui joint ses efforts personnels aux ressources d'un capital important ne tire pas du sol autre chose que l'intérêt de son argent, comme s'il l'avait avec plus de sécurité et sans aucun travail, placé sur hypothèque ; celui des terres moyennes n'est pas sensiblement plus heureux, mais celui des petites terres consacre tout son temps à un travail ingrat qui jamais ne peut devenir pour lui rémunérateur.

Cette conclusion de l'honorable professeur n'est pas, il est vrai, universellement admise ; il est une école d'autres théoriciens qui trouvent le secret de notre faiblesse dans la mauvaise répartition du sol entre ceux qui le possèdent. D'après eux, la grande culture, malgré les grands capitaux qu'elle emploie, les instruments perfectionnés dont elle fait usage avec l'espoir d'économiser la main-d'œuvre et de triompher, malgré tout, de l'intempérie des saisons, la grande culture, qui visiblement se ruine, doit céder sa place à la petite.

Le conseil pourrait être salutaire, et il est vraisemblable que les grands cultivateurs se prêteraient de bonne grâce à la combinaison, si les petits manifestaient un désir bien vif de se faire céder leurs emplois ; mais, par malheur pour l'efficacité du conseil, les grandes exploitations à partager sont encore en trop grand nombre, et les petits cultivateurs par qui on s'estimerait si heureux de la voir reprendre, n'ont pour eux ni le nombre ni le capital nécessaire pour une si vaste opération.

En effet, il existe encore actuellement en France, d'après le dernier bulletin de statistique, 12.355.782 hectares de terres répartis entre 46.243 cotes imposables de plus de 100 hectares, qui donnent une moyenne de 251 hectares par cote et de 25 0/0 de cotes de plus de 100 hectares par département.

Encore y a-t-il des départements où ces cotes atteignent ou dépassent 50 0/0 de la contenance totale cultivable.

Peut-on sérieusement proposer comme un remède à la crise l'éventualité de cette transformation de plus de 10.000 centres de grandes exploitations, et ne voit-on pas que le complément nécessaire de cette exécution serait la transformation en hameaux ou villages de toutes les fermes isolées, c'est-à-dire l'application à la France de ce qui a jusqu'à présent si peu réussi sous le titre de *Colonisation de l'Algérie*.

Il ne faut donc pas nous contenter d'attendre philosophiquement de l'excès du mal la renaissance d'un grand bien. Les périodes de transition sont toujours douloureuses, celle que l'on paraît envisager de sang-froid consommerait à brève échéance la ruine de toutes les cultures du pays ; car, aussitôt après le départ des possesseurs actuels convaincus d'impuissance, et en attendant la constitution des ressources nécessaires aux détenteurs de l'avenir, le chiendent et le chardon ne manqueraient pas de se donner carrière sur les grandes exploitations provisoirement abandonnées.

A un mal aussi profond, il faut des remèdes énergiques et prompts, et qui ne présentent pas l'immense danger de tout désorganiser avec l'espoir de tout reconstruire dans de meilleures conditions.

On avait pu jadis, lors de la discussion du tarif général des douanes, espérer qu'en sauvant, par des droits compensateurs, certains produits accessoires de la culture, on pourrait éviter d'atteindre le blé ; les conséquences des traités de 1860 ont rendu cet espoir illusoire et l'introduc-
tion bre des produits similaires de nos colzas, de nos œillettes, de nos plantes textiles, et celle bien plus accentuée encore des laines de toutes provenances étrangères, des cuirs et de tous autres produits végétaux ou animaux utilisables par l'industrie a eu pour conséquence d'enlever à la culture tous les bénéfices qu'elle pouvait légitimement espérer de ses produits de second ordre.

Aussi un vif mouvement de retour à des institutions économiques jadis un peu trop légèrement condamnées commence-t-il à se dessiner dans l'opinion et déjà les représentants autorisés de la culture se sont-ils demandé si l'équilibre rationnel et permanent à établir entre la production intérieure et les importations ne se trouverait pas plus sûrement pour les céréales dans le retour à un système analogue à celui de l'échelle mobile.

Ceux qui songent à cette solution, la considéreraient comme avantageusement praticable le jour où le Ministère de l'Agriculture, renseigné quinzaine par quinzaine sur l'état des récoltes sur pied ou en granges, sur les cours des différents marchés, et sur les besoins du stock en blés et en farines dans les grands entrepôts du commerce aurait les pouvoirs nécessaires pour faire varier les droits à percevoir à l'entrée suivant que les cours se rapprocheraient ou s'éloigneraient du chiffre jugé strictement nécessaire pour couvrir la moyenne des frais de production.

Mais comme en réclamant contre l'immolation des intérêts du producteur à ceux du commerçant, nous n'entendons pas renverser les rôles et sacrifier aujourd'hui brutalement le commerçant au cultivateur, nous considérons que l'on peut, quant à présent, introduire dans notre système économique une amélioration déjà très sensible, en acceptant les propositions de la plupart des comices et des conseils généraux et en procédant par rétablissement de droits fixes.

Seulement pour que le remède soit efficace il faut que ces droits soient suffisamment élevés pour compenser l'effondrement exceptionnel des cours ; pour faire cesser la panique véritable qui pèse sur les cultivateurs, il faut que ces droits portent, non seulement sur le blé, mais sur ceux des grains de second ordre dont les traités de commerce n'ont pas encore livré le marché à l'étranger ; il faut qu'en frappant sérieusement sur le bétail d'importation, ils encouragent la reprise de l'élevage sans lequel nous resterons toujours tributaires de nos voisins.

Nous connaissons, pour les avoir éprouvés nous-mêmes, les scrupules qui motivent la résistance de quelques cœurs généreux ; la crainte de grever de charges nouvelles le consommateur pauvre, pèse encore sur plusieurs d'entre nous. Pour les rassurer, il devrait nous suffire d'appeler l'attention sur ce qui se passe actuellement dans les conseils municipaux des grands centres et notamment de Paris ; la lecture de ces intéressants débats a surabondamment démontré que l'intérêt des intermédiaires est seul en jeu dans cette lutte apparente entre le producteur et le consommateur. Les efforts si louables, mais en même temps si peu couronnés de succès, que fait le conseil municipal de Paris pour faire profiter le consommateur pauvre de la baisse sans précédents du prix du blé, démontre jusqu'à l'évidence que les cours actuels du pain, cours dont jusqu'alors personne n'avait songé à se plaindre, pourraient être maintenus sans danger et sans préjudice appréciable pour le public, si le blé et la farine payés un peu plus cher par le boulanger, mettaient dans la poche du cultivateur français un peu du bénéfice que le marchand de grains, le producteur et le meunier étrangers, accumulent actuellement dans la leur.

La vérité actuellement démontrée, c'est que, quand le blé est comme aujourd'hui à 19 francs le quintal, les gros pains dans des boulangeries tenues sans luxe pourraient être à Paris comme en province livrés avec bénéfice à 65 centimes les deux kilogrammes, et qu'ils pourraient même continuer à être livrés à ce prix le jour où, le blé français étant remonté au chiffre normal de 25 francs par quintal par un droit d'entrée de 5 francs, droit surélevé dans la même proportion pour les farines, la diminution du bénéfice porterait presque exclusivement sur le spéculateur et sur le meunier américain.

En résumé, restituer au producteur français le marché qu'il a sous la main, et que les 134 millions d'hectolitres qu'il produit peuvent alimenter surabondamment, c'est là le but unique poursuivi par nos cultivateurs, et nous croyons qu'il est sage et patriotique de seconder leurs efforts et de faire droit à leurs réclamations.

En ce qui concerne les bestiaux, le projet du Gouvernement a trop bien fait ressortir les inconvénients du tarif actuel et le peu de profit qu'en tire le consommateur pour qu'il soit bien nécessaire d'insister sur le principe du relèvement.

Il ne devrait donc y avoir divergence entre tous ceux qui étudient cette question que sur la quotité des droits qu'il importe de fixer.

Nous pensons avec les Comices et les Conseils généraux des régions les plus particulièrement intéressées, qu'une surélévation de droits de 15 à 60 francs par bœuf, de 40 francs par vache est indispensable pour la défense des intérêts français contre l'invasion des produits allemands.

Cette surélévation, on ne saurait le méconnaître, ne peut être que profitable à la fois aux producteurs de gras et aux éleveurs, car avec des droits de cette importance, nos voisins, qui déjà nous envoient fort peu d'animaux jeunes, auraient encore moins d'intérêt à le faire, s'il leur fallait supporter, pour des animaux à bas prix, des primes de cette importance. On voit aussi cette conséquence, c'est que l'étranger importateur aura intérêt à n'envoyer que de belle marchandise, puisque, pour un droit de 60 francs, il vaudra mieux introduire 5 à 600 kilos de viande que 3 à 400 kilos. A ce marché, le consommateur trouvera son compte, puisqu'on viendra lui offrir de belle et bonne marchandise au lieu de ces animaux étiques dont il semble que les chemins de fer n'ont transporté que la peau et les os.

Que dire maintenant de la surélévation du prix ? N'est-il pas bon d'abord de signaler à ceux qui s'abritent derrière l'intérêt prétendu du consommateur, que le jour où par la continuation de l'abaissement des prix au-dessous de la limite strictement rémunératrice, l'engraisseur aura cessé de pouvoir continuer son industrie, l'étranger devenu maître absolu du marché surélèvera ses prix et fera payer cher au consommateur, ou plutôt au boucher français, la marchandise qu'il lui apportera ?

Est-il vrai de prétendre que l'engraissement ne fait plus ses frais et manque-t-on de documents pour l'établir ? Par malheur il n'en est rien, et la seule comparaison que l'on peut faire chaque jour entre le prix d'achat des animaux maigres et celui de revente des animaux gras suffit pour démontrer qu'après avoir déduit de la valeur d'accroissement acquise par l'animal la somme payée en trop par chaque kilogramme de son poids maigre, on subit à coup sûr une première perte qui varie de cinq à dix ou à quinze centimes par chaque kilo obtenu par l'engraissement.

Si on ajoute à cette perte certaine celle qui résulte de la dépréciation que les traités de commerce font subir sur le cinquième quartier, par la libre introduction des cuirs, os, cornes, poils, crins, considérés comme matière première de certaines de nos industries, on reconnaîtra bien vite le bien fondé des réclamations des producteurs et la nécessité d'y faire droit dans une assez large mesure.

Et cependant la transformation en pâtures qui nécessite des frais importants de clôtures, d'achats de graines et d'engrais étant recommandée par le Gouvernement lui-même aux cultivateurs comme un remède immédiat à leurs maux, il faut bien, du moins pendant la période de transition. ne pas laisser disparaître la possibilité d'écouler les produits qu'on les excite à créer.

Le jour où le nord cesserait d'engraisser, que deviendrait l'élevage dans l'ouest, le centre et le midi ? La solidarité. des uns et des autres n'est-elle pas évidente ?

Et quant au consommateur, pense-t-on qu'un droit de soixante francs par bœuf de cinq à six cents kilos le menace bien sérieusement ? S'aperçoit-il aujourd'hui du prix infime auquel les bouchers achètent la viande sur le grand marché parisien, régulateur des autres ? Non. La différence reste toujours à l'intermédiaire et l'homme qui n'y regarde pas paye toujours le même prix, pourvu qu'on lui livre une bonne qualité. Il faut donc se rendre compte et distinguer les effets produits sur des espèces différentes de consommateurs.

Le consommateur des bas morceaux ne subira pas de différence appréciable, car la proportion dans laquelle il serait surélevé ne pouvant être que de quelques centimes, c'est le marchand qui supportera cette fraction ou qui la reportera sur le riche. Quant à ce dernier, qui compose pour la ville non seulement la population permanente, mais surtout cette population flottante et cosmopolite qui vient chez nous attirée par ses affaires ou par ses plaisirs, nous ne supposons pas que les partisans de la liberté commerciale à outrance entreprennent de nous attendrir sur leur sort et de nous déterminer à leur sacrifier l'intérêt des producteurs.

Au surplus l'exemple de ce qui s'est passé en France à la suite des décrets et décisions de la Chambre relatifs à l'importation libre des viandes salées d'Amérique est concluant et décisif. L'encouragement que nos producteurs ont trouvé dans la suspension momentanée des arrivages étrangers a comblé en moins d'un an le déficit des quarante millions de kilogrammes qui nous étaient arrivés en 1880. La transition ne s'est même pas fait sentir, les prix sont restés aussi abordables que par le passé et il est resté au cultivateur français qui ne vend pas sa marchandise sensiblement plus cher le bénéfice de l'engrais qui, retourné à la terre, lui a créé des ressources sous une autre forme.

Maintenant qu'à l'invasion américaine des viandes salées, l'Allemagne semble vouloir substituer, quoique dans une proportion beaucoup moins grande, celle de ses porcs vivants, nous considérons comme sage de mettre à la frontière un droit de douane grâce auquel les bons effets obtenus d'une part ne se trouveront pas détruits par d'autres entreprises qui ne sont pas encore dommageables mais sur lesquelles il est bon d'ouvrir les yeux et de faire acte de prévoyance.

Mais si ces considérations sont incontestables à l'égard des gros animaux de boucherie, des porcs vivants, des viandes abattues fraîches ou salées , combien ne sont-elles pas plus pressantes encore à l'égard des moutons en faveur de qui nous réclamons un droit protecteur de 7 francs par tête?

Cette somme est nécessaire pour compenser pour le cultivateur de nos terres les plus pauvres, la perte qu'il subit sur les laines, les cuirs et les os depuis 1860.

Le mouton est le producteur d'engrais indispensable pour les terres sablonneuses et courtes, à sous-sol calcaire ou argileux, auxquelles les autres produits tels que le blé et la betterave font absolument défaut.

La laine était autrefois le salut du fermier des petites terres; aujourd'hui, tandis que l'on paye à la frontière des droits qui s'élèvent jusqu'à 1 fr. 20 par kilog. pour certains filés de laine, la laine brute entre de tous côtés en franchise et, comme conséquence, les toisons d'un troupeau de 200 bêtes ne payent pas les frais du berger.

Le mouton ne peut donc plus être élevé qu'en vue de la viande, mais le marché de Paris est si complètement envahi par les arrivages de l'étranger qui atteignent quelquefois le chiffre de 20.000 têtes en un seul marché, que la prudence la plus élémentaire interdit aux cultivateurs de France d'envoyer leurs troupeaux à la capitale. Les terres de la Champagne, du centre et du midi de la France ne peuvent cependant pas se transformer en pâturages de gros bétail; il faut donc conserver ou restituer à ces terres pauvres sur lesquelles le fermier et sa famille se bornent à fournir leur travail à *prix réduit*, cet élément nécessaire de prospérité.

Pour sauver le mouton, 7 francs par tête sont indispensables, cette somme n'augmentera pas d'une façon appréciable dans les grandes villes le prix des bas morceaux et le même raisonnement que nous avons fait précédemment pour les intérêts du consommateur, nous les reproduisons avec plus de force encore pour celui qui réclame des morceaux de choix.

La Chambre n'hésitera donc pas à trancher en notre faveur, par son vote, la question de quotité qui s'agite entre notre centre-projet et celui du Gouvernement.

Ce dernier d'ailleurs ne saurait être sérieusement hostile à notre proposition car si la défense des lignes de douane française met dans sa caisse une partie de ce qui manque à l'équilibre du budget, il devra être le premier à se féliciter de l'échec profitable et patriotique que la Chambre aura pris sur elle de lui infliger amicalement.

Nous avons l'honueur de vous soumettre la proposition de loi suivante :

PROPOSITION DE LOI

ARTICLE UNIQUE

La loi sur le tarif général des douanes est modifiée ainsi qu'il suit :

```
Froment, méteil, épeautre... les 100 kil.   5 fr. au lieu de 0 fr. 60.
Seigle, avoine, orge, maïs...      —         3    —        »
Farine de toute nature . . .       —         9    —        1 fr. 20 pour
                                                           le froment seul.
Moutons. . . . . . . . . . par tête...       7    —        2 fr.
Bœufs . . . . . . . . . . . .       —        60    —       15
Vaches. . . . . . . .  . . .        --       40    —       8
Porcs . . . . . . . . . . .         —        15    —       3
Porcs de lait . . . . . . . .       —         3    —       0 50
Viandes fraîches . . . . . . les 100 kil.   20    —        3
Viandes salées . . . . . . .        —        15    —       4
```

SOCIÉTÉ DES AGRICULTEURS DE FRANCE

21, Avenue de l'Opéra, 21

BUREAU DE LA SOCIÉTÉ EN 1884

PRÉSIDENT

Le marquis DE DAMPIERRE, ancien député, membre de la Société nationale d'agriculture de France, lauréat de la prime d'honneur (Landes).

VICE-PRÉSIDENTS

BOUILLÉ (le comte DE), O. ✳, ancien sénateur, président de la Société départementale d'agriculture de la Nièvre, membre de la Société nationale d'agriculture de France, lauréat de la prime d'honneur (Nièvre).

JACQUEMART (Frédéric), ✳, membre de la Société nationale d'agriculture de France, agriculteur et fabricant de sucre (Aisne).

PLUCHET (Émile), ✳, membre de la Société nationale d'agriculture de France, président du Syndicat des agriculteurs-distillateurs (Seine-et-Oise).

JOSSEAU, C., ✳, ancien député, membre de la Société nationale d'agriculture de France, président du comice agricole de Coulommiers (Seine-et-Marne).

BERTIN (Henri), ✳, trésorier perpétuel de la Société nationale d'agriculture de France, lauréat de la prime d'honneur (Somme).

MONICAULT (Edouard DE), ✳, président du comice agricole de Trévoux, propriétaire-agriculteur (Ain).

SECRÉTAIRE GÉNÉRAL

TEISSONNIÈRE, (Paul), ✳, censeur à la Banque de France, propriétaire-viticulteur (Hérault).

SECRÉTAIRES

BLANCHEMAIN (Paul), professeur d'agriculture, propriétaire (Indre).

SAINTE-ANNE (Albert BURET DE), propriétaire-agriculteur (Yonne).

LUÇAY (le comte DE), ✳, membre de la Société nationale d'agriculture de France, ancien maître des requêtes au Conseil d'Etat (Oise).

AMELINE DE LA BRISELAINNE, ✳, ancien chef de cabinet du Ministre de l'Agriculture (Côtes-du-Nord).

TRÉSORIER

ROTHSCHILD (le baron A. DE), O. ✳, (Seine-et-Marne).

BIBLIOTHÉCAIRE-ARCHIVISTE

CALONNE (le vicomte DE), ✳, propriétaire (Pas-de-Calais).

CONSEILLERS

MM.	MM.	MM.	MM.
Arlot de St-Saud (Bᵒⁿ d').	Monneraye (Cᵗᵉ de La).	J. de Felcourt.	Boitel.
Tiersonnier (Alph.).	Moustier (Comte A. de).	Saint-Trivier (Vᵗᵉ de).	Decauville aîné.
Champagny (Cᵗᵉ P. de).	Risler.	Bouley.	Barral (J. A.).
Montlaur (Marquis de).	Pasteur.	Marc de Haut.	Teisserenc de Bort.
Thénard (Baron).	Bordet (H.).	Nouette-Delorme.	Bixio (Maurice).
Vilmorin (Henry de).	Massardière (de la).	Deusy (E.).	F. d'Aillières.
J. Darblay.	La Vergne (Comte de).	Gayot (E.).	de Parieu.
G. Hamoir.	Petit (Charles).	Pouyer-Quertier.	Barbentane (Mˡˢ de).
Havrincourt (Mˡˢ d').	Dailly (Adolphe).	E. Gréa.	H. Muret.

PRÉSIDENTS ET VICE-PRÉSIDENTS DES DOUZE SECTIONS

MM.	MM.	MM.
E. de Monicault, prés. 1ʳᵉ *sect.*	Hardy, prés. 5ᵉ *sect.*	Josseau, prés. 9ᵉ *sect.*
Nast, vice-prés.	Courcier, vice-prés.	P. Dessaignes, vice-prés.
Mˡˢ de Poncins, prés. 2ᵉ *sect.*	le Comte de Salis, prés. 6ᵉ *sect.*	Boitel, prés. 10ᵉ *sect.*
M. Boucherie, vice-président.	A. Durand-Claye, vice-prés.	Th. de Felcourt, vice-prés.
G. Bazille, prés. 3ᵉ *sect.*	Muret, prés. 7ᵉ *sect.*	Eug. Gayot, prés. 11ᵉ *sect.*
G. Vimont, vice-prés.	F. Georges, vice-prés.	le Cᵗᵉ de Gabriac, vice-prés.
le Duc d'Aumale, prés. 4ᵉ *sect.*	Cᵗᵉ de Retz, prés. 8ᵉ *sect.*	Marc de Haut, prés. 12ᵉ *sect.*
Barbié du Bocage, vice-prés.	A. de La Valette, vice-prés.	J. L. de Felcourt, vice-prés.

La Société des agriculteurs de France, fondée le 12 mai 1868, compte aujourd'hui 5.000 membres.

Pour devenir membre de la Société, il suffit de se faire présenter par deux membres déjà admis.

Ouverte à tous, créée dans l'unique but de grouper les intérêts de la petite comme de la grande culture, la Société tient à honneur de représenter largement et dignement la première industrie du pays.

Elle a été reconnue établissement d'utilité publique par décret du 28 février 1872.

Elle se réunit une fois par an, en une session générale, dont la durée est de huit jours. Cette solennité ramène chaque fois à Paris près de mille agriculteurs. **A l'occasion de cette session, les diverses compagnies de chemins de fer ont bien voulu accorder jusqu'à présent à tous les membres de la Société une réduction de moitié sur le prix des places.**

La Société est divisée en douze sections qui sont actuellement les suivantes :

1° agriculture ; 2° économie du bétail et industrie laitière ; 3° viticulture ; 4° sylviculture ; 5° horticulture et cultures arbustives ; 6° génie rural ; 7° industries agricoles ; 8° sériciculture et entomologie ; 9° économie et législation rurales ; 10° enseignement agricole ; 11° production chevaline; 12° relations internationales et coloniales.

Dans l'intervalle d'une session à l'autre, des commissions permanentes représentant chaque section s'assemblent fréquemment pour examiner les documents qui les concernent et préparer, par des études suivies, les éléments de la session à venir.

En outre, un grand nombre de commissions sont instituées chaque année par le Conseil pour étudier les questions spéciales et répondre aux demandes des agriculteurs.

La Société exerce également son action par des concours, des expositions, des congrès dans les départements, des enquêtes, des publications, des encouragements honorifiques et pécuniaires ; par l'enseignement, par la discussion orale des questions d'intérêt général ou local concernant l'agriculture. Elle s'interdit toute discussion ou publication politique.

Tous les ans elle fonde un grand nombre de concours dont les prix sont décernés en assemblée générale.

Elle est représentée dans chacun des concours régionaux officiels par des délégués qui distribuent en son nom un objet d'art, des médailles d'or, d'argent et de bronze et des diplômes.

Grâce aux dons et aux legs généreux de plusieurs de ses membres, elle a institué des concours annuels pour favoriser le développement de la culture du blé, pour encourager et honorer l'enseignement supérieur agronomique et récompenser l'enseignement de l'agriculture dans les écoles primaires.

COTISATIONS

Membres *donateurs* : **1.000** francs une fois donnés.

Membres *fondateurs* : **100** francs de droit d'entrée, et une cotisation annuelle de **20** francs pour les années suivantes.

Membres *ordinaires* : **20** francs par an.

Membres *étrangers* : **300** francs une fois donnés, s'ils sont membres fondateurs; **200** francs une fois donnés, s'ils sont membres ordinaires. Les membres étrangers n'ont à payer aucune cotisation annuelle.

Sociétés et Comices : Les Associations agricoles, viticoles, horticoles, etc., etc., peuvent se faire affilier collectivement aux mêmes conditions que les membres *donateurs*, *fondateurs* ou *ordinaires*.

Tout membre de la Société peut se libérer de sa *cotisation annuelle* en versant, une fois pour toutes, une somme de **200** francs.

BULLETIN DE LA SOCIÉTÉ
Paraissant deux fois par mois

La Société publie un *Bulletin* qui contient le compte rendu complet de la session générale, les procès-verbaux des travaux des douze sections et toutes les nouvelles intéressant l'agriculture.

Le *Bulletin* forme, tous les ans, deux volumes, l'un de 500 pages, l'autre de 800 pages, environ. Il est envoyé *gratuitement* à tous les membres de la Société.

LABORATOIRE DE LA SOCIÉTÉ
ANALYSES AGRICOLES, INDUSTRIELLES ET COMMERCIALES
4, rue du Bouloi, à Paris.

S'adresser à M. E. Aubin, directeur du laboratoire, 4, rue du Bouloi, pour les expertises et les consultations.

NATURE DES SUBSTANCES ANALYSÉES	PRIX des ANALYSES	POIDS de L'ÉCHANTILLON
1° **Engrais, amendements, sulfocarbonates :**		
Chaque élément dosé...........................	5 fr.	200 à 500 gr.
2° **Terres** : Analyse complète...................	50 »	2 à 3 k.
Analyse chimique...................	20 »	2 à 3 k.
Eaux : Titre hydrométrique et essais qualitatifs....	10 »	1 litre
3° **Substances alimentaires :**		
Fourrages, tourteaux, farines, etc	25 »	200 gr. à 1 k.
Betteraves....................................	5 »	2 à 5 k.
Lait...	10 »	1 litre
Beurre	10 »	200 gr.
Boissons : Vin, cidre, bière, vinaigre.............	10 »	0.200 à 1 litre
4° **Substances industrielles** : Fibres, tissus, écorces, tabacs, etc... Chaque élément dosé......	5 »	50 à 200 gr.
5° **Matières premières de l'industrie** : Potasse, soude, acides, manganèse, chlorure de chaux, minerais, métaux, etc. Chaque élément dosé	3 à 10	50 à 500 gr.

Laboratoire de la Société des Agriculteurs, 4, rue du Bouloi.

AFFILIATION DES SOCIÉTÉS ET COMICES AGRICOLES

A LA SOCIÉTÉ DES AGRICULTEURS DE FRANCE

Il y a en France environ quatre cents sociétés d'agriculture, d'horticulture, de viticulture, etc., et environ six cents comices.

Trois cents sont affiliés à la Société des agriculteurs de France. MM. les présidents des sociétés et comices non affiliés feront facilement comprendre à leurs collègues les principaux avantages de l'inscription dans les rangs de la Société :

1° Les sociétés et comices affiliés reçoivent le Bulletin qui paraît tous les quinze jours. Cette publication, de 1.500 pages environ, forme chaque année deux volumes qui renferment le compte rendu de la session de la Société, les travaux des commissions, des mémoires de toute sorte, les nouvelles agricoles, etc., etc.

2° Les sociétés et comices affiliés peuvent obtenir de temps en temps du conseil des médailles à décerner dans leurs concours annuels.

3° Les sociétés et comices affiliés délèguent à la session un de leurs membres qui bénéficie de la remise de moitié sur le prix des places de de chemins de fer généreusement accordée jusqu'à présent par les diversescompagnies.

Au-dessus de ces avantages matériels se place l'intérêt de l'agriculture.

« Tandis que, disséminés sur tous les points du territoire national, les sociétés et comices font parvenir aux hameaux les plus reculés les sages conseils, les encouragements et les exemples d'une culture améliorée, nous leurs offrirons le moyen de grandir leurs forces en combinant leurs efforts. »

Ces paroles ont été prononcées à l'origine de la Société des agriculteurs de France par son premier président. Il ajoutait : « Le régime que nous proposons d'adopter est celui d'une confédération respectant l'autonomie de chacun des états qui la composent. » Et dans une autre circonstance, s'adressant aux sociétés et aux comices : « Notre unique dessein, disait-il, est de relier entre elles ces institutions éparses. Les voix parties de tous les points de la France pour se réunir en un immense écho' se feront entendre au loin. Les bras réunis dans un même effort auront une puissance irrésistible. Les lumières convergeant de toutes parts auront un rayonnement qui frappera tous les yeux. »

Les associations peuvent s'affilier *collectivement* à la Société, sur la demande de leur président, qui n'a pas à se préoccuper des deux signatures exigées par les statuts ; M. le président et M. le secrétaire général ont coutume de signer eux-mêmes les présentations des associations.

Les associations affiliées payent une cotisation annuelle de *vingt francs*.

SOCIÉTÉ DES AGRICULTEURS DE FRANCE

21, Avenue de l'Opéra, à Paris

BULLETIN DE PRÉSENTATION

Nous soussignés, membres de la Société des Agriculteurs

de France, présentons en qualité de membre (1) ....

à partir de l'année ...., et pour le département

d ....

M. (Nom, prénom usuel et qualités) : ....

....

....

Adresse dans les départements : ....

....

....

Bureau de Poste : ....

Adresse à Paris : ....

A ...., le .... 188 ......

Signature)

Signature)

N. B. — *Ce bulletin doit être signé par deux personnes. Prière de l'envoyer au Secrétariat général.*

1. Donateur, fondateur ou ordinaire. — (Les DONATEURS versent 1.000 francs, une fois pour toutes ; les FONDATEURS payent 100 francs la première année et 20 francs les années suivantes ; les membres ORDINAIRES ont à verser 20 francs par an.)

N. B. — Prière d'écrire très lisiblement et d'apporter le plus grand soin à l'orthographe des nom, prénom usuel, qualités, adresses et ordre alphabétique.

SOCIÉTÉ DES AGRICULTEURS DE FRANCE

21, Avenue de l'Opéra, à Paris

BULLETIN DE PRÉSENTATION

Nous soussignés, membres de la Société des Agriculteurs de France, présentons en qualité de membre (1) .... à partir de l'année ...., et pour le département d ....

M. (Nom, prénom usuel et qualités) : ....

....

....

Adresse dans les départements : ....

....

....

Bureau de Poste : ....

Adresse à Paris : ....

A ...., le .... 188........

       (Signature)   (Signature)

N. B. — Ce bulletin doit être signé par deux personnes. Prière de l'envoyer au Secrétariat général.

1. Donateur, fondateur ou ordinaire. — (Les Donateurs versent 1.000 francs, une fois pour toutes ; les Fondateurs payent 100 francs la première année et 20 francs les années suivantes ; les membres ordinaires ont à verser 20 francs par an.)

N. B. — Prière d'écrire très lisiblement et d'apporter le plus grand soin à l'orthographe des nº A. prénom usuel, qualités, adresses et ordre alphabétique.

Imp. de la Soc. de Typ. - NOIZETTE, 8, r. Campagne 1re, Paris.

OUVRAGES PUBLIÉS

PAR LA

SOCIÉTÉ DES AGRICULTEURS DE FRANCE

MÉMOIRES PRÉSENTÉS AU CONGRÈS INTERNATIONAL DE L'AGRICULTURE

L'Agriculture de l'Angleterre. Un fort vol. in–8, 715 pages, avec carte chromolithographique et gravures dans le texte . . . . . **5 fr.**
Par la poste . . . . **6 fr.**

L'Agriculture de l'Ecosse, de l'Irlande, de l'Inde et de l'Australie. Un vol. in–8 de 300 pages, **3 fr.** – Par la poste . . **3 fr. 50**

L'Agriculture belge, par M. E. de Laveleye. Un vol. in–8 avec carte 280 pages. **2 fr.** — Par la poste . . . . **2 fr. 50**

Économie rurale du Danemark. Un vol. in–8, avec plans, 150 pages, **2 fr.** — Par la poste . . . . **2 fr. 50**

L'Agriculture en Italie, broch. in–8, 80 pages . . . . . . **1 fr. 50**
Par la poste . . . . **1 fr. 75**

L'Agriculture au Pérou, broch. in–8, 120 pages . . . . . **1 fr. 50**
Par la poste . . . . **1 fr. 75**

L'Agriculture à la Guadeloupe, broch. in–8, 200 pages . . . **2 fr. »**
Par la poste. . . . . **2 fr. 25**

La collection complète ne peut être envoyée que par le chemin de fer, port à la charge du destinataire.

Situation du métayage en France. Rapport sur l'enquête ouverte par la Société des agriculteurs de France, par M. le comte de Tourdonnet. Ce volume de 500 pages, in–8, est vendu au prix de **6 fr.** (**6 fr. 75** par la poste).

Essai sur les repeuplements artificiels et la restauration des vides et clairières des forêts, par Arthur Noël, ancien élève de l'Ecole polytechnique et de l'Ecole forestière, chef du contrôle des forêts au Ministère de l'agriculture, inspecteur des forêts. (Ouvrage couronné par la Société des agriculteurs de France. Un volume in–8 de 380 pages (**6 fr.** par la poste.)

TOUTE DEMANDE DOIT ÊTRE ACCOMPAGNÉE DE LA VALEUR DES OUVRAGES,
EN UN MANDAT SUR LA POSTE

Imp. de la Soc. de Typ. - NOIZETTE, 8, r. Campagne-Première. Paris.

www.ingramcontent.com/pod-product-compliance
Lightning Source LLC
LaVergne TN
LVHW021132200726
843510LV00001B/75